THE 50
GREATEST
ENGINEERS

50

혁신으로
세상을 바꾸다

세계 속의
위대한 공학자 50인

차례

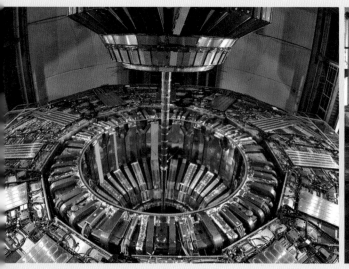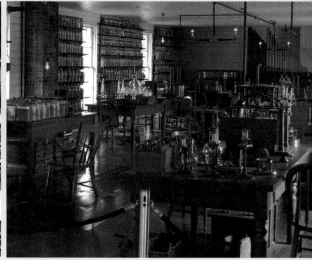

공학은 인간 세계의 모든 곳에 있습니다

'공학'이라고 하면 다리, 건물 같은 구조물이나 차량 같은 기계가 먼저 떠오릅니다. 공학은 이보다 훨씬 더 많은 개념을 포함합니다.

공학은 인간 세계의 모든 곳에 있습니다. 우뚝 솟은 고층 빌딩에서부터 대형 입자가속기, 실리콘 칩과 미세한 탄소 나노튜브의 보이지 않는 작은 회로에 이르기까지 우리가 사는 세계는 대부분이 공학으로 설계되었습니다. 이 책은 공학으로 세상에 공헌한 이들의 이야기를 담고 있습니다.

공학은 '토목', '구조', '건축', '기계' 같은 단어가 따라붙기도 합니다. 그런 점에서 공학의 범위가 얼마나 넓은지 알 수 있습니다. 분야는 다양하지만, 모든 공학의 공통점은 실제 문제에 대한 실용적인 해결책을 제공한다는 사실입니다. 보통은 물리적인 구조와 기계를 활용하지만, 원자재를 유용한 제품으로 전환하거나 데이터를 의미 있는 정보로 변환하는 것과 같은 방법으로 실용적인 해결책을 제시하기도 합니다.

공학자는 공학적 아이디어를 통해 인간의 모든 종류의 요구를 충족시켜 왔습니다. 모든 생명체는 환경에 맞게 진화했지만, 우리 인간은 한 발 더 나아가 기술력으로 자연환경을 통제하면서 환경에 적응해왔습니다.

지능을 가진 인간은 도구를 만들고 도구를 사용해 우리에게 맞는 세상을 만들었습니다. 부싯돌을 돌도끼로 만든 선사 시대 조상들은 최초의 공학자라고 할 수 있습니다. 돌도끼부터 지렛대, 도르래, 바퀴와 같은 단순한 도구들은 인간이 지구상에서 지배적인 종이 되도록 만들고, 인류를 현대 사회로 이끈 공학의 기초가 되었다고 볼 수 있습니다. 오늘날 우리를 둘러싼 일상의 모든 인프라는 공학의 역사가 누적된 결과입니다.

고대부터 현대에 이르는 공학 분야에서 뛰어난 업적을 남긴 50명의 공학자를 선정했습니다. 각종 자료에서 여성 공학자의 업적이 눈에 띄는 것은 비교적 최근의 일입니다. 여성 공학자를 포함하여 이 책에 나오는 다른 모든 공학자들의 성공이 독자들에게 영감을 줄 수 있으면 좋겠습니다.

지은이 폴 비르, 윌리엄 포터

인간과 기술에 대한 영감을 함께 나누길 바랍니다

"과학과 공학은 어떻게 다른가요?"

이런 질문을 많이 듣습니다. 이에 대한 답변은 다양합니다. 이 책에서는 이렇게 얘기합니다.

"공학자는 종종 다른 사람의 작업을 기반으로 하고 기존 발명을 결합하거나 개선해서 공학적인 물건을 만들어냅니다. 공학자들은 과학적 발견과 함께 일상생활의 실용성에 과학을 적용했습니다. 그래서 르네상스나 산업혁명처럼 엄청난 과학적 발전이 이루어진 시기에는 특히 공학 이야기가 풍부하고 다양하게 등장합니다."

이 책은 위대한 공학자 50인을 선정해서 소개한 책입니다. 고대부터 현대에 이르는 공학 분야의 주요 업적을 대표하는 50명의 공학자를 선정했습니다.

그동안 과학자에 관한 책들은 많이 나왔습니다. 그중 과학자와 공학자들을 같이 소개하는 책들은 제법 많지만, 공학자들만 따로 소개하는 책들은 별로 없었습니다. 그런 점에서 이 책은 공학이나 발명에 관심 있는 분들에게 새로운 정보와 재미를 줄 수 있을 것 같습니다.

기차가 급정거할 때 여행 가방이 망가지는 걸 보면서 '내진 설계'의 아이디어를 찾아
낸 나이토 타추의 이야기, 시험 비행에서 모기가 연료관을 막아 'S-6' 항공기가 불시
착한 사건이 발생한 이후, 비행기 설계에 둘 이상의 엔진을 사용하기로 했던 시코르
스키의 이야기는 너무 재미있었습니다. 또 뉴욕에 최초의 현수교인 브루클린 다리를
건설한 존 로블링과 그 아들 워싱턴 로블링, 그의 아내 에밀리 로블링의 놀라운 집념
은 감동 그 자체였습니다.

그리고 베레나 홈즈, 올리브 데니스, 노라 스탠튼 바니, 릴리안 몰러 등 제가 잘 몰랐
던 여성 공학인들에 관한 정보도 좋았습니다. 우리말로 옮기고 정보를 찾아 감수하
면서 무척 즐거웠습니다.

이 책에 나오는 50인의 공학자들의 삶과 그들의 업적을 통해 인간과 기술에 대한 철
학과 영감을 함께 나눌 수 있기를 바랍니다.

옮긴이 권기균

가장 위대한 업적

조세르왕의 사카라 피라미드
기원전 2650년에 완공된 최초
계단식 피라미드이자 기념비적
건축물의 초기 사례로 꼽힌다.

임 호 텝

고대 이집트의 재상이자 건축가로 이집트 최초의 계단식
피라미드를 설계한 공학자. 뛰어난 실력으로 후세에 건축과
공학의 신으로 추앙받은 인물이다.

고대의 7대 불가사의 중에서 오늘날 여전히 남아있는 것
은 쿠푸왕의 거대 피라미드 하나뿐이다. 피라미드는 고
대 이집트를 통치했던 파라오의 무덤으로 지어졌는데, 100개
가 넘는 피라미드 중 쿠푸왕의 피라미드가 가장 큰 것으로 알
려진다. 이 거대한 장례 기념물이 정확히 어떻게 세워졌는지
에 대해서는 여전히 이집트 학자와 공학자, 고고학자들 사이
에 의견이 분분하다. 그럼에도 모든 전문가들이 공통되게 주
장하는 것은 이 고대 건축물이 초기 공학 기술을 보여준다는
점이다.

고대 이집트의 피라미드와 사원은 그것을 명령한 통치자의
이름으로 기억되지만, 일부 피라미드 건축가의 이름들도 잊
히지 않고 남아있다. 몇몇 조각상과 비문에 그들의 이름이 새
겨져 있고, 역사 기록을 통해서도 최초의 토목기술자들에 관
한 내용을 일부 확인할 수 있다.

초기 피라미드 건설자 중 가장 뛰어난 사람은 임호텝Imhotep
이다. 그는 제3왕조의 초대 왕 조세르 시대의 총리였다. 파라
오의 최고위 관리인 임호텝은 왕국의 행정을 담당했을 뿐만
아니라 왕실의 모든 건축 업무도 관리했다. 임호텝은 4,600여
년 전에 사카라에서 첫 번째 피라미드를 건설하는 임무를 맡
았다.

평평한 네모 모양의 바닥이 꼭대기까지 쌓아 올려진 기자
지역의 후기 피라미드와는 달리, 임호텝이 건설한 최초의 피
라미드는 각 층의 면적이 계단처럼 올라가면서 점점 더 작아

수천 년에 걸친 마모에도 불구하고 조세르왕 무덤의 계단식 구조는 오늘날에 그대로 보존되어 있다.

지는 방식의 계단식 구조였다. 조세르왕의 명령에 따라 복합단지의 중심에 거대한 피라미드 무덤이 세워졌는데, 이는 왕국 전체에 걸쳐 진행된 건축 계획의 일부였다. 피라미드는 조세르왕의 대관식이 거행된 장소인 동시에 살아있는 권력을 상징하는 건축물의 정점에 있었다.

임호텝이 설계하고 건설한 조세르왕의 계단식 피라미드는 세계 최초의 대형 석조건물이자 혁신적인 건축물이었다. 그 이전까지만 해도 고대 이집트의 모든 건물은 진흙 벽돌, 갈대와 나무로 지어졌다. 피라미드는 고대 이집트 통치자들의 장례 기념물의 건축 방식에도 근본적인 변화를 가져왔다. 초기 파라오의 무덤은 '마스타바'라고 불리는 평평한 지붕의 직

임호텝이 조세르왕의 피라미드를 둘러싼 사카라 무덤의 일부로 지은 하이포스타일(Hypostyle) 홀

사각형 건물이었다. 지붕이 평평하고 벽은 진흙 벽돌로 경사지게 만들어졌으며, 높이는 약 9미터에 달했다. 임호텝은 전통에서 벗어나 훨씬 더 거대한 규모로 석회암 벽돌을 사용해 왕의 무덤을 만들었다.

300,000㎥ 이상의 석회암을 활용한 이 공사는 이집트 역사상 가장 크고 복잡한 토목공사였다. 임호텝이 처음으로 시도한 계단식 피라미드는 후기 피라미드 건축업자들이 발전시켜 나가는 데에 원형이 되었다. 임호텝은 기술적인 문제뿐만 아니라 자재를 조달하고 운송하는 물류에서부터 대규모 인력을 동원하고 배치하는 것까지 건설의 모든 과정을 총괄해야 했다. 우리가 알고 있는 것과는 달리 이집트의 피라미드를 건설하는 노동력은 노예로만 구성된 것이 아니다. 임호텝은 오랜 기간에 걸쳐 숙련된 노동자를 양성해 핵심 인력으로 사용했을 가능성이 크다.

조세르왕의 피라미드는 기본적으로 6개의 석회암 기둥으로 이루어졌고, 각각의 층은 위로 올라가면서 작아져 한 층 위에 한 층을 쌓아놓은 모습이다. 완성된 피라미드는 62.5m 높이로 우뚝 솟아있어서 사카라 고원 바로 건너편에서 볼 수 있을 정도였다. 피라미드 주변은 신들에게 제사를 지내는 사원들과 건물들이 늘어서 있었고, 이 복합단지는 높이가 10m가 넘는 석회암 벽으로 둘러싸여 있었다.

지하 건축작업도 마찬가지로 인상적이다. 미로를 따라 들어가면 화강암으로 된 왕의 무

덤이 나오는데 무덤 주변을 수백 개의 방이 둘러싸고 있다. 내부는 파피루스 갈대로 화려하게 장식한 기둥들이 늘어서 있고, 벽에는 파란색 타일이 장식되어 있다.

계단식 피라미드는 완성되기까지 약 18년이나 걸렸다. 수레나 도르래도 없이 오직 지렛대와 구리로 된 끌, 톱과 드릴, 둥근 돌망치, 계산자와 같은 기초적인 도구들을 사용해서 이루어낸 것이다. 임호텝의 이 기념비적인 건축물은 뒤이은 피라미드 건설자들과 오늘날의 공학자들에게도 여전히 영감을 주고 있다.

"저 피라미드들 위에서 4천 년의 역사가 우리를 내려다보고 있다."
나폴레옹 보나파르트, 1798년

조세르왕의 동상

기원전 2560년경에 완공된 기자의 대피라미드는 쿠푸왕의 거대한 무덤이다. 약 230만 개의 석재 블록으로 지어진 이 건물은 완성 당시 높이가 140m 이상이었고 3,800년 이상 동안 지구상에서 인간이 만든 가장 높은 구조물로 존재했다.

조세르왕의 총리인 임호텝은 거대 피라미드의 수석 엔지니어이자 건축가였다.

13

아르키메데스

'유레카'로 유명한 아르키메데스는 고대 그리스의 뛰어난 수학자이자 공학자였다. 그의 뛰어난 학문적 탐구력은 수많은 발명으로 이어졌다.

가장 위대한 업적

아르키메데스의 원리
기원전 3세기 중반

복합 도르래
기원전 250년

아르키메데스 스크루
기원전 250년

아르키메데스의 발톱
로마 침략자로부터 도시를 보호하기 위해 기원전 214년 아르키메데스가 시라쿠사 포위 공격 중에 설계했다.

고대 그리스 수학자 아르키메데스Archimedes의 생애와 업적에 대해서는 불확실한 것들이 많지만, 사후 몇 세기에 걸쳐 이루어진 고대의 기록들 덕분에 그는 선구적인 수학자일 뿐만 아니라 역사상 최초의 공학자 중 한 사람으로 기억되고 있다.

아르키메데스는 기원전 3세기에 오늘날 시칠리아섬의 해안에 있는 그리스 도시 국가인 시라쿠사에서 태어났다. 아테네 중앙정부의 영향력은 약해지고 있었지만, 그리스의 지적 문화는 지중해 전역에 퍼져 번성했다. 호기심이 많고 지적 호기심이 많았던 청년 아르키메데스는 교육을 받기 위해 이집트로 떠났다.

당시 이집트의 도시 알렉산드리아는 지중해 지적 유산의 보고이자 학습과 연구의 중심지였다. 그 중심에 수만 장의 파피루스 두루마리를 보관하고 있던 알렉산드리아 대도서관이 있었다. 이 지식의 보고는 전 세계의 학자들을 끌어들였다. 아르키메데스가 수석 사서인 그리스 천문학자 에라토스테네스와 교류했다는 것은 알려진 사실이지만, 그는 다른 분야에 대해서도 학자들과 교류하며 지적 영향을 받았을 것으로 추측된다. 수학과 기하학에 대한 열정을 함께 나눌 학자들뿐 아니라 자신의 통치자를 위해 무기 개발을 하는 공학자도 만난 것으로 보인다.

아르키메데스는 집으로 돌아와 수학 연구에 몰두하는 동시에 시라쿠사왕 히에로 2세의 공학 분야 각료로서의 삶을 살았

아르키메데스 스크루로 물을 길어 올리는 모습

다. 아르키메데스의 수학적 업적은 그의 책에 기록되어 있는데, 대부분 이론적이다. 욕조에
몸을 담갔을 때 수위가 올라가는 것을 보면서 실용적 발상이 떠오른 그가 '유레카'를 외치며
거리를 나체로 달려 나갔다는 유명한 이야기는 이론에 각색이 더해진 것이다.

로마 침략자들이 시라쿠사를 포위 공격했을 때 이에 대항하는 아르키메데스의 발톱으로 배를 낚아 올리는 모습

아르키메데스가 다양한 현실 문제를 해결하는 데 공학적 장치를 사용했다는 이야기도 있다. 아르키메데스는 복합 도르래를 발명해, 한 손으로 배를 육지로 끌어올리는 모습을 공개적으로 시연했다. 아르키메데스는 세계 최초의 엘리베이터에 도르래를 사용하는 한편, 실린더 내부에 나선형 나사가 들어 있는 일종의 펌프인 '아르키메데스 스크루'를 만든 것으로도 유명하다. 이 두 가지는 고대 세계에서 혁명적이었고 오늘날에도 많은 기계장치의 기초가 되는 간단한 장치들이다.

아르키메데스는 지렛대로도 유명하다. 지렛대를 발명한 것은 아니지만, 아르키메데스는 그것이 수학적으로 어떻게 작동하는지를 설명했다. "나에게 충분히 긴 지렛대와 중심축만 있으면 그것으로 세상을 움직일 수 있다."고 한 아르키메데스의 주장이 지금까지 전해진다.

역사상 많은 공학자와 마찬가지로 아르키메데스는 자신의 재능을 전쟁에서도 발휘했다. 그는 고국 시라쿠사의 방어를 위해 투석기의 강도와 정확도를 향상시켰고, 성벽에 기둥을 연결해서 적의 배에 커다란 돌덩이를 떨어뜨려 배를 가라앉히기도 했다. 또한 '아르키메데스의 발톱Claw of Archimedes'이라는 일종의 갈고리를 발명했는데, 이것으로 적의 배를 낚아채서 산산조각 낼 수 있었다. 그가 발명한 더 환상적인 무기는 거울을 이용해 태양 에너지를 적의 배에 집중시켜 불을 붙이는 열선이었다.

불행히도 아르키메데스의 이런 발명품에도 불구하고 시라쿠사는 로마와의 싸움에서 패했다. 도시는 2년 만에 함락되었고, 아르키메데스는 로마 군인에 의해 죽임을 당했다. 아르키메데스의 다양한 업적은 역사와 신화의 경계가 모호하지만, 그가 공학을 통해 현실의 문제를 해결한 사상가였음은 분명하다.

"내게 설 자리를 달라. 그러면 나는 지구를 움직일 것이다."
아르키메데스

크테시비우스

그리스의 발명가이자 수학자인 크테시비우스는 헬레니즘 문화가
꽃을 피우던 시기를 이끌었던 3대 기계공학자 중 한 사람이다.
그는 압력을 가해 물을 끌어 올리는 수압 펌프의 발명으로 유명하다.

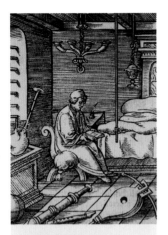

이집트의 알렉산드리아는 2300여 년 전만 해도 세계 학문의 중심
지였다. 알렉산더 대왕의 측근이었던 프톨레마이오스의 통치
아래 학문과 기술, 공학이 번성했다. 그들은 인간의 모든 지식을 수집
할 수 있는 거대한 도서관과 무세이온이라는 연구 교육 센터를 설립했
다. 최초의 책임자는 고대 공학의 창시자 중 한 명인 그리스 발명가이
자 수학자 크테시비우스Ctesibius였다.

크테시비우스는 기원전 3세기에 알렉산드리아에 살았다. 다른 학
자들과 마찬가지로 그는 부유한 후원자였던 프톨레마이오스 2세의 지
원을 받았던 것으로 추정된다. 그 시대 대부분의 공학 저술서 사본에
통치자에게 헌정하는 내용이 담겨있기 때문이다. 하지만 안타깝게도
크테시비우스의 저서는 남아있지 않다. 다만 알렉산드리아의 헤론이
나 아르키메데스와 같은 후기 학자들의 저술을 통해 그의 업적이 전해
진다.

문헌에 따르면 크테시비우스는 공기역학에 관한 영향력 있는 논문
을 썼다. 공기의 탄성과 압축 공기가 펌프와 같은 실용적인 장치에 어
떻게 사용될 수 있는지를 설명하는 논문이다. 그는 또 유체의 역학을
설명하고 실제 적용을 주장하는 유체정역학에 관한 논문을 쓰기도 했
다. 그밖에도 고대 작가들은 사이펀siphon의 발명을 '크테시비우스의
업적'이라고 말한다.

크테시비우스는 이발사의 아들이었던 것으로 알려진다. 그가 아
버지를 위해 원통형 관 속의 납 균형추를 도르래로 움직이게 해서 높
이 조절이 가능한 거울을 발명해낸 일화가 그것을 증명한다. 추가 움
직이면서 관 속의 공기가 압축되고 이것이 음색을 만들어내는데, 이

것은 젊은 크테시비우스에게 이후 혁신적인 공학 아이디어를 낼 수 있는 영감을 주었다. 크테시비우스의 발명품 중 인류에 가장 큰 도움이 된 것은 피스톤과 실린더, 밸브를 사용해 물을 끌어 올리는 수압 펌프라고 볼 수 있다. 로마 건축가 비트루비우스는 〈건축서De Architectura〉에서 크테시비우스의 설계를 기반으로 한 수압 펌프를 '크테시비우스의 기계'로 묘사했다. 이것은 압력을 가해 물을 끌어 올리는 고대의 유일한 펌프였다. 크테시비우스의 수압 펌프는 물을 끌어 올리는 데 적용한 기술이지만 불을 끄는 데도 사용할 수 있었다.

그밖에도 크테시비우스는 현대 파이프 오르간의 전신인 하이드롤리스hydraulis를 설계했다. 그것은 수압을 이용해 파이프에 압축 공기를 구동하는 것으로, 파이프 길이에 따라 다양한 소리를 냈다. 물로 작동하는 크테시비우스의 또 다른 장치로는 물시계clepsydra가 있다. 물시계는 떨어지는 물이 아래의 용기에 점차 채워지면서 시간을 가리키는 부유 장치가 떠올라 시간을 측정할 수 있는 시계다. 크테시비우스는 물의 흐름을 일정하게 유지하기 위해 물시계를 개선했는데, 이것은 17세기에 추시계가 발명될 때까지 지구상에서 가장 정확한 시계였다. 그야말로 시대를 앞서간 크테시비우스의 선구적인 이론과 실질적인 혁신은 후대의 공학자들에게 영향을 주었다.

"물을 높이 끌어 올리는 크테시비우스의
기계야말로 위대한 발명품이다." **비트루비우스**

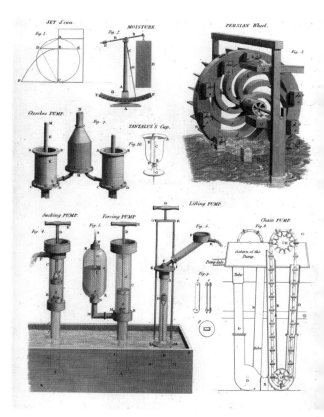

크테시비우스의 수압 펌프는 우물에서 물을 끌어 올리거나 불을 끌 때, 경작지에 물을 대거나 분수를 가동할 때 물을 분사하도록 했다.

독창적인 물시계

비트루비우스

로마 옥타비아누스 황제 시대에 활동한 건축가. 그의 책 〈건축서〉는 후대 유럽의 건축가에게 커다란 영향을 주었다. 비트루비우스의 〈건축서〉는 현존하는 유일한 고대 건축 서적으로 꼽힌다.

가장 위대한 업적

건축서
기원전 30~15년
수 세기 동안 건축가들에게
영향을 미친 로마 공학에 관한
광범위한 지침서

파노의 바실리카 대성당
기원전 19년

전직 로마 군인이자 건축가인 비트루비우스는 기원전 1세기 아우구스투스 황제 때 퇴역했다. 비트루비우스는 황제의 누이 옥타비안의 후원으로 부족하지 않게 연금을 받으며 살았다. 그는 로마 역사에서 작은 인물로 남을 수도 있었지만, 책을 쓰기로 결심하면서 평가가 달라졌다.

후대에 발자취를 남기고자 하는 열정과 건축, 토목 기사로서의 오랜 경험으로 습득한 지식을 보존하기 위해 그는 퇴역 이후의 삶을 건축에 관한 논문 집필에 바쳤다. 〈건축서De Architectura〉라는 제목의 책은 주요 주제가 건축이었지만 고대에는 이 분야가 오늘날보다 훨씬 광범위했다. 그래서 다양한 공학 주제뿐 아니라 건축인의 업무에 관한 것까지 담겼다. 사원 및 극장, 수로 건설에서부터 시계, 성을 공격하는 무기에 이르기까지 모든 것을 다룬 비트루비우스의 〈건축서〉는 로마의 공학에 관해 다른 것과 비교할 수 없을 정도의 통찰력을 제공한다. 비트루비우스의 논문은 모두 10권으로 현대까지 남아 있는 유일한 고전 건축의 실질적인 해설서라고 볼 수 있다. 일부 기술적 표현들은 명확하지 않은 점도 있지만, 그럼에도 〈건축서〉는 수 세대에 걸쳐 공학자와 건축가를 위한

알레시아 포위전에서 사용된 로마 투구

줄리어스 시저가 갈리아(지금의 프랑스와 벨기에에 속해 있는 지역)의 알레시아 요새 정착지를 포위하고 있다.

기술 자료로 자리 잡아 왔다. 원래는 삽화가 있었는데 세월이 흘러 수많은 복사본이 전해지면서 삽화는 사라졌다.

　〈건축서〉가 고대 이후 건축에 관한 가장 영향력 있는 책이 된 데에는 이탈리아 학자 포지오 브라치올리니의 공이 크다. 그는 1414년 스위스 수도원의 도서관에서 온전히 보존된 〈건축서〉 사본을 발견해 일부를 번역해서 자기 책에 실었다. 이것은 레오나르도 다빈치를 비롯한 르네상스 시대의 건축가와 공학자들에게 영향을 미쳤다. '안정성'과 '유용성', '아름다움'이 건축물의 가장 중요한 3요소라는 비트루비우스의 생각은 르네상스 시대에 영향을 미쳤다. 비트루비우스의 3요소Vitruvian Triad로 알려진 이 세 가지는 여전히 현대 건축의 실천 과제다.

　비트루비우스의 삶과 업적에 관해 알 수는 없지만, 그는 갈리아 전쟁 때 줄리어스 시저 군대의 군사공학자였던 것으로 알려진다. 군대에서 그는 투석기를 비롯해 발사체가 떨어지도록 하는 탄도, 요새를 두드려서 부술 때 쓰이는 공격용 망치 등과 같은, 성을 포위 공격하는 다양한 기계들을 담당했다. 시저는 그의 회고록에서 로마인의 승리를 공성전에서의 기술 때문이라고 한 갈리아의 패배한 지도자 베르킨게토릭스의 말을 인용해 군사공학의 중요성을 강조했다. 건축가이자 토목기술자 비트루비우스는 파노의 바실리카 대성당을 건축하기도 했는데 지금은 존재하지 않는다. 그의 공학적 천재성을 보여주는 것은 실존하는 기념물이 아니라 2천 년이 넘도록 사람들이 읽고 있는 책이다.

"건축에서 가장 중요한 세 가지는 예술, 시간, 기술이다."

비트루비우스

헤 론

헬레니즘 문화와 지식의 중심지인 알렉산드리아에서 활동하며 기하학과 역학의 성과를 실용적으로 만들었던 인물. 고대 최고의 공학자로 평가받고 있다.

가장 위대한 업적

디옵트라
1세기. 최초로 경도와 위도의 개념을 도입한 현대 측량 도구의 원형

주행 거리계
1세기. 이동한 거리를 기록하는 측정 장치

메카니카
1세기. 지렛대, 도르래, 기어, 크레인 등 여러 기계에 대한 정보가 담긴 책

뉴매티카
1세기. 자동 장치 및 기타 기계 장치에 대한 설명이 포함되어 있다.

에오리필레
1세기. 세계 최초로 증기 기관 원리 발명

이집트 알렉산드리아는 기원전 3세기 그리스의 통치자 프톨레마이오스에 의해 학문의 중심지로 세워졌다. 그는 '무세이온 Mouseion'이라고 불리는 연구 교육 복합단지에 모든 지식의 창고 역할을 하는 거대한 도서관을 설립했다. 고대의 가장 위대한 공학자 중 한 명인 헤론Heron은 1세기에 이곳에서 일했다. 하지만 그에 대해서는 알려진 바가 거의 없다.

1세기 초반에 태어난 그는 그리스인이거나 그리스 교육을 받은 이집트인으로 추정되며, 무세이온에서 교육을 담당했던 것으로 보인다. 무세이온의 학자들은 고대 이집트, 바빌로니아, 로마, 그리스로부터 유입된 지식을 활용했다. 헤론의 작업은 아르키메데스와 크테시비우스를 포함한 그의 전임자들의 작업을 기반으로 한다. 헤론의 저서는 소수만이 남아있지만, 그가 위대한 초기 공학자 중 한 사람임은 분명하다. 그의 업적은 응용 수학에서 기계 및 토목공학에 이르기까지 다양하다.

헤론은 수학자이자 공학자다. 그는 그는 계측, 토지 측량, 토목공학 등 실생활에 기하학과 수학을 적용했다. 그는 저서 〈디옵트라 Dioptra〉에서 토목과 측량을 위한 몇 가지 핵심 도구를 선보였다. '디옵트라'라는 같은 이름의 광학 측량 기기가 그중 하나다. 고대 그리스인들은 이전부터 천문 측정에 디옵트라를 사용해왔는데, 헤론은 이를 개선해 토지 측량과 같은 보다 실용적인 프로그램에도 사용할 수 있게 했다. 현대 측량기 데오도라이트의 선구자인 헤론의 디옵트라는 원거리에서 각도, 길이 및 높이를 측정할 수 있었다. 도랑의 깊이나 강의 너비를 구할 때, 산봉우리 양쪽에서 터널을 뚫어 중간에서

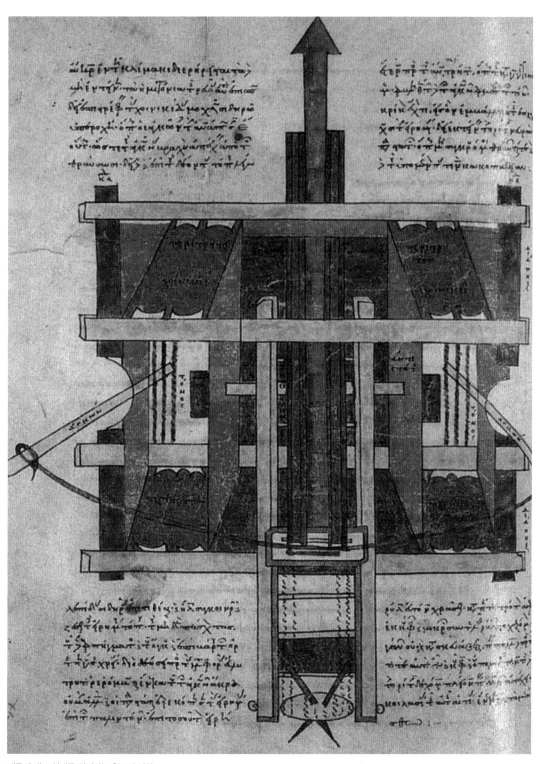

헤론의 대포 설계를 설명하는 원고의 삽화

만나도록 설계할 때 유용했다. 그는 또한 '주행 거리계'라고 하는 측정 장치에 관한 해설서도 썼다. 특별히 개조된 이 운반 장치는 수평 거리를 빠르게 측정할 수 있었다. 규격 사이즈의 로마 전차 바퀴가 달려 있고 바퀴 축에 연결된 기어가 연쇄적으로 계기 바늘을 돌리는 방식이다. 이 장치를 통해 이동 거리를 빠르고 정확하게 기록할 수 있었다.

헤론은 또 다른 저서인 〈메카니카Mechanica, 물리학〉에서 무거운 물체를 들어올리는 방법을 설명했다. 여기에는 레버와 도르래, 쐐기, 기어를 비롯한 간단한 기계와 크레인과 같은 더 정교한 기계가 포함된다. 〈메카니카〉는 거의 토목공학자를 위한 기술 매뉴얼로, 여기서 〈디옵트라〉의 토지 측량 도구에 관한 자신의 글을 보완하기도 했다. 이러한 그의 저서는 제국 전역에 수로와 터널, 건축물을 건설하는 로마 토목기술자에게 매우 가치 있는 것이었다.

기계공학자로서 헤론의 재능은 〈뉴매티카Pneumatica, 기체역학〉에서 잘 드러난다. 이것은 공기나 증기 또는 수압에 의해 구동되는 기계장치에 관한 개론서다. 그가 고안한 기계 중 많은 것들이 자동 장치에 관한 것이다. 자동으로 열리는 문처럼 신전을 위한 볼거리로 고안된 것도 있고, 자동화된 극장처럼 오락용으로 만들어진 것도 있다. 자동으로 작동하는 것처럼 보이는 이 같은 장치는 청중을 놀라게 했다. 그것은 훗날 로봇의 발전을 예고했다. 헤론의 발명품 중 하나는 연극에 사용되는 자동화 장치로 사실상 초기의 로봇과 다름없었다. 두 개의 바퀴 축을 감싼 끈에 추를 매달아 추가 떨어지면서 줄이 풀려 바퀴가 돌고, 바퀴 축에 일련의 못들을 박아 바퀴가 회전하는 방향을 바꾸는 것이 그 원리였다. 이 같은 헤론의 발명품은 기록상 최초로 프로그래밍이 가능한 장치로 평가받는다. 시작과 정지, 회전이 가능하도록 프로그래밍된 그의 기계 로봇은 그를 선구적인 컴퓨터공학자라고 부르기에 부족함이 없다.

헤론의 수많은 공학적 업적 중 가장 유명한 것은 '에오리필레'라는 기기다. 그의 저서 〈뉴매티카〉에는 세계 최초의 증기 기관을 만드는 방법에 관해 상세한 설명이 나온다. 에오리필레는 자유롭게 회전할 수 있도록 수평축처럼 장착된 속이 빈 금속 구체다. 구체는 그 아래에 있는 보일러에서 증기를 공급받게 되고, 이 증기는 반대 방향을 향하고 있는 두 개의 구부러진 노즐을 통해 압력이 가해진 구 밖으로 뿜어져 나온다. 이것이 구체를 회전시키는 힘을 제공하는 것이다. 헤론의 에오리필레는 천년의 세월이 흐른 후 산업혁명에 동력이 될 증기 기관과 같은 원리로 작동했다.

"불 위에 가마솥을 놓으면 공은 축을 중심으로 회전한다."

헤론의 기체역학에 나온 최초의 증기 기관에 관한 표현

기계식 거리 계산 운반 장치인 헤론의 주행 거리계를 재구성한 것

장 형

장형은 중국 후한 시대에 당시의 미스터리였던 하늘의 영역을 계산하고 발명품을 만들었던 과학자. 탁월한 재능으로 혼천의를 비롯해 현실에 필요한 기술을 만들어냈다.

가장 위대한 업적

물시계
2세기 초

남향 전차
2세기 초

주행 거리계
서기 125년

혼천의
서기 125년

파이값 추정
서기 130년

지진계
서기 132년

고대의 많은 학자와 마찬가지로 중국 왕실의 관리이자 천문학자, 수학자인 장형Zhang Heng은 많은 재능을 갖고 있었다. 거기에는 공학이 포함되었다.

장형의 업적은 철학에서 실용까지 범위가 넓다. 그는 유명한 시인이자 널리 알려진 작가였다. 그의 수학적 업적 중에는 파이값에 대한 실제 추정치를 내놓은 것이 있다. 또 그는 세계 최초로 지진계를 발명했다. 그의 지진계는 먼 곳에서 발생한 지진을 기록할 수 있을 뿐만 아니라 지진이 최초로 일어난 곳, 즉 진원지를 가리킬 수 있었다.

장형은 서기 78년 중국 중부 허난성 남서부의 난양에서 태어났다. 왕실과 연관된 상당히 부유하고 권세 있는 집안이었다. 어린 장형은 중국 후한시대였던 1세기에 성장하며 교육을 받았다. 이 시기는 황금 시대라고 할 만큼 평화롭고 번영한 시기였다. 정치적 안정이 이루어지고 문화와 사상도 발달했다.

젊은 장형은 장안(현재의 시안)을 거쳐 후한의 수도 낙양으로 가서 공부했다. 그곳에는 고위관리들의 가족을 대상으로 설립된 교육기관이 있었다. 국제무역로인 실크로드의 동쪽 끝에 위치해 있던 낙양은 지리적인 여건으로 인해 문화와 상업의 중심지로 자리 잡았다. 상인들이 이곳을 오가며 새로운 아이디어와 상품을 가져왔다. 덕분에 장형은 최신 사고와 기술을 경험할 수 있었다.

학업을 마친 장형은 23세에 고향으로 돌아와 지방 정부의 행정관료로 일했다. 그런 가운데에서도 계속해서 시를 썼고 수학과 천문학 연구를 계속했다. 장형의 재능은 후한의 제6대 안 황제에게까지 전해졌다. 황제는 당시 30대 초반인 장형을 궁중으로 불러들였고 결국 장

지진계를 들고 지진을 감지하는 장형

형은 황제의 수석 천문학자가 되었다. 얼마 안 가 장형은 의견 차이로 그 자리에서 물러났다. 그러나 제7대 황제인 순 황제가 그를 다시 불러들여 수석 천문학자로 재임명했다.

천문학은 고대 중국에서 날짜를 조정하고 상서로운 날을 예측하는 데 사용되었고, 일정에 따라 의사 결정을 하는 데 중요한 역할을 했다. 장형은 시간 측정에 도움이 되는 두 가지, 즉 자격루로 알려진 물시계와 별의 움직임을 예측하는 데 사용된 혼천의의 핵심 기술을 발명했다.

자격루는 물이 대파수호(큰 물항아리)에서 아래의 수수호(물을 받는 용기)로 천천히 떨어지는 방식으로 작동했는데, 물이 떠오를 때마다 계기판이 시간을 알려주는 장치다. 그러나 대파수호의 물이 급격히 줄어들어 수압이 감소하면 물의 흐름이 느려져서 시계가 느리게 작동했다. 이 문제를 해결하기 위해 장형은 대파수호 아래에 추가 보정 항아리(중파수호)를 두어 기발하게도 물의 흐름을 일정하게 유지했다.

장형은 또한 혼천의에도 커다란 공헌을 했다. 첫째로, 보정 방법을 개선하기 위해 두 개의 보조 링을 추가했으며, 둘째, 수력공학에 대한 자신만의 지식을 사용해 혼천의를 자동화함으로써 밤하늘에서도 물체의 움직임을 볼 수 있도록 했다. 장형은 자동화된 혼천의의 정교한 기어 장치 메커니즘을 구동하기 위해 수차를 사용했다. 이것은 고향 난양의 철 주조공장에서 영감을 받았던 것으로, 철 주조공장에서는 용광로에 공기를 불어 넣기 위해 수차를 사용해 거대한 풀무를 펌프질했다.

장형의 디자인 혁신은 11세기 수송Su Song과 같은 공학자에 의해 기술이 더해져서 대형 시계탑 스타일의 혼천의 제작으로 이어졌다. 정교한 기어 장치는 장형의 또 다른 발명품인 남향 전차의 기초가 되었다. 이것은 마차에 장착된 일종의 기계식 나침반이었다. 그것은 항상 남쪽을 가리키는 '펼친 손'으로 장치를 회전시키기 위해 바퀴로 구동되는 차동 기어를 사용했다. 이 내비게이션 장치는 일종의 고대 위성 항법 장치였으며 제한적이긴 했지만 병력 이동과 토지 측량을 지시하는 데에 매우 유용했을 것이다. 거리를 측정하는 데 사용된 또

중국 베이징 고대 천문대 안뜰에 있는 화려한 장식의 혼천의

고대 위성 항법 장치인 장형의 남향 마차

다른 전차 기반 장치인 주행 거리계도 장형의 공로다. 전차 바퀴로 구동되는 기어는 대략 0.4km마다 자동으로 북을 치고 5km마다 자동으로 징을 두드리는 장치였다.

공학과 관련된 장형의 최고 업적은 세계 최초의 지진계 발명이다. 고대 중국에서는 지진을 신의 징벌로 생각했기 때문에 먼 곳의 지진에 대해서도 황제에게 알려주는 것이 중요했다. 장형의 지진계는 입에 황동 여의주를 문 여덟 마리의 용이 달려 있고 바닥에는 여덟 마리의 두꺼비가 둘러싸고 있는 모습을 하고 있는데, 지진의 진동으로 황동 용기 내부의 메커니즘이 작동하면 그중 한 마리 용의 입에서 아래에 있는 두꺼비의 입으로 공이 떨어지게 되어있다. 이것으로 지진의 발생과 지진이 발생한 방향을 알 수 있다.

고대 지진 감지기인 장형의 지진계 내부 모습

장형이 이 장치를 황제 앞에서 시연하자 황제는 매우 기뻐하며 그의 봉급을 3배 이상 올려주었다. 장형은 7년 후 61세의 나이로 사망했다. 그는 기계장치를 혁신해 후대의 공학자들에게 커다란 영향을 미쳤다.

"그는 수학 계산으로 하늘과 땅의 수수께끼를 풀었고,
 그의 발명품은 신의 창조물에 비견된다.
 그의 탁월한 재능과 빛나는 예술혼은 신의 영역에 속해 있다."
                        장형의 친구 추이 위안이 쓴 기념 비문

아폴로도로스

기원후 2세기 초 로마에서 활약한 아폴로도로스는 황제의 야망을
현실로 만들어준 건축학자이자 공학자다. 다뉴브강을 가로지르는
다리와 트라야누스 개선문이 그가 설계한 대표 건축물이다.

가장 위대한 업적

트라야누스 다리
서기 105년

트라야누스 광장
서기 112년

트라야누스 승전 기념비
서기 113년

아폴로도로스가 설계한 장갑차

고대 세계의 위대한 도시와 기념물을 건설한 공학자에 대해서는 알려진 바가 거의 없다. 그들이 설계한 구조물 중 몇몇은 잘 보존되어서 오늘날에도 여전히 건재한다. 그러나 안타깝게도 그것을 만든 공학자는 극소수만 알려져 있다. 다마스쿠스의 아폴로도로스 Apollodorus가 그중 한 사람이다. 아폴로도로스는 로마 중심부의 트라야누스 광장 건설을 포함하여 트라야누스 황제를 위한 대규모 공공 프로젝트의 엔지니어로서 명성을 얻었다. 초기에는 군사공학자로서 활동했다. 이때 그는 성을 공격하는 다양한 무기를 만들고 사용하는 방법을 알려주는 기술서 〈폴리오르케티카Poliorketika〉의 저자로 알려져 있다.

아폴로도로스는 2세기 로마 제국 최고의 공학자였다. 평화와 번영을 의미하는 '팍스 로마나' 시기는 공학자에게 행운의 시간이었다. 로마 황제는 제국의 힘을 선언하면서 야심 찬 건축 프로젝트를 발표했다. 공공건물과 기념물은 로마 제국의 사람들에게 황제의 대중적 이미지를 홍보하는 동시에 외부 세계에 로마의 위력과 정교함을 보여주었다. 이 때문에 이런 웅장한 디자인을 실제로 구현할 아폴로도로스 같은 숙련된 공학자를 필요로 했다.

아폴로도로스는 당시 로마의 속국이었던 시리아의 다마스쿠스에서 태어나 교육을 받았다. 그가 로마와 그리스뿐만 아니라 동양과 고전 아랍 문화와 사상에도 영향을 받은 것은 이 때문이다. 처음에 그는 트라야누스 황제 밑에서 군사기술자로 일하며 로마의 군사 작전에서 중요한 역

아폴로도로스가 트라야누스 황제를 위해 건설한 다리를 묘사한 트라야누스 광장의 부조물

할을 했다. 군인들의 기본 장비에는 칼과 창뿐만 아니라 삽도 포함되었다. 삽은 군대가 행군하는 동안 참호를 파고 임시 군사용 캠프를 건설하는 데 늘 사용되었다. 아폴로도로스와 같은 군사공학자의 지시에 따라 병사들은 다리 건설, 적을 포위하는 무기, 도로 또는 영구 요새 건설과 같은 작업을 수행했다. 이러한 작업이 전쟁 승리에 결정적인 역할을 하기도 했다.

그것은 다뉴브강 북쪽의 다키아를 상대로 한 트라야누스 황제의 두 번째 원정에서 확실히 입증됐다. 트라야누스는 아폴로도로스에게 적의 영토에 신속하게 도달할 수 있도록 다뉴브강을 가로지르는 다리를 건설하도록 명령했다. 아폴로도로스는 도전에 나섰다. 우선 그는 강의 물길을 돌려 강바닥에 나무 말뚝을 박을 수 있도록 했다. 나무 말뚝은 20개의 속이 빈 직사각형 교각의 기초로 사용되었다. 직사각형 교각은 돌과 콘크리트로 채워지고, 겉은 길고 평평한 로마 벽돌과 시멘트로 장식되었다. 이 견고한 20개의 교각이 자리를 잡자

31

아폴로도로스는 그 위에 나무 아치를 세워 15m 너비의 참나무 데크를 지지하도록 했다. 완공 당시 다리의 길이는 1,135m로, 천년 세월 동안 전 세계에서 건설된 가장 긴 아치형 다리로 남았다. 아폴로도로스는 여러 부대에서 동원된 노동력을 관리해 서기 105년에 다리를 완성했다. 그것은 엄청난 업적이었으며, 다음 해에 트라야누스가 다키아를 공격하는 데 중요한 역할을 했다. 트라야누스는 마침내 다키아의 수도를 포위하고 성벽을 무너뜨렸다. 이때 아폴로도로스는 성을 공격하고 도시 방어 시설을 파괴하는 무기를 개발했다. 전쟁에서 승리한 트라야누스는 다키아 금광의 풍부한 금과 그가 가장 신뢰한 공학자 아폴로도로스를 데리고 로마로 돌아왔다.

트라야누스는 정복 전쟁에서의 승리를 축하하기 위해 장기간 검투사 경기를 열었다. 아울러 자신의 권력을 강화하고 위대한 승리를 보다 영구적으로 기념하기 위해 로마에 대규모 건축 공사에 착수했다. 아폴로도로스는 다키아 전쟁의 전리품으로 자금을 조달한 이 대규모 예산 공사의 수석 공학자였다. 아폴로도로스의 첫 번째 임무는 로마의 정치, 상업 및

다뉴브강을 가로지르는 트라야누스 다리의 일부를 재건한 모습

로마 트라야누스 광장 위에 우뚝 솟은 트라야누스
승전 기념비를 보여주는 19세기 그림

"로마의 트라야누스 황제는
다뉴브강에 가로막혀 영토 확장이
어렵다는 사실에 분노했다.
다리 건너의 적과 싸우려면 장애물이 없어
야 했다. 황제의 명령으로 다마스쿠스의
아폴로도로스가 총 책임을 맡아
다리 건설 작업을 했다."

프로코피우스, 비잔틴 그리스 역사가, 6세기

종교 생활의 중심지인 트라야누스 광장을 건설하는 일
이었다. 기본적으로 산허리를 깎아 터를 닦는 것이 가
장 큰 과제였다. 노동자들은 건축을 시작하기도 전에
수십만 세제곱미터의 암석과 흙을 옮겨야 했다. 광장
한쪽으로는 미래 쇼핑몰의 원형인 트라야누스 시장을
건설했고, 나중에는 이곳에 거대한 대중목욕탕도 건설
했다.

서기 112년경에 광장이 완성되고, 1년 후에는 트라
야누스 승전 기념비가 세워졌다. 이것은 거대한 주춧
돌 위에 쌓아 올린 20개의 거대한 대리석 원기둥을 사
용해 30m 높이의 기둥을 만든 아폴로도로스의 또 다
른 공학의 승리였다. 기둥의 중앙에는 나선형 계단이
관통했고, 외부 표면은 190m 길이의 나선형 프리즈가
기둥을 감싸고 있었다. 이는 다키아인에 대한 트라야
누스의 투쟁을 묘사한 것이다. 기둥 꼭대기에 황제의
동상을 얹는 작업은 30톤이 넘는 거대한 대리석 원기
둥을 도르래로 움직여 들어올려야 하는 엄청난 어려움
이 있었다.

트라야누스 군대의 승리를 기념하기 위해 지어진
승전 기념비는 이후 트라야누스 황제의 장례 기념비가
되어 황제의 유골이 담긴 항아리가 바닥에 놓였다. 트
라야누스 사망 후 하드리아누스 황제가 즉위했는데,
아폴로도로스는 새 황제와 사이가 좋지 않았다. 전해
지는 이야기로는 황제의 명령으로 암살당했다고 한다.

고대 로마의 수석 공학자이자 건축가인 아폴로도로
스는 초기 로마 건물을 개조해 과거를 보존하는 한편
기념비적인 프로젝트들로 도시를 재편했다. 그의 수많
은 작품들은 위대한 공학적 성취를 보여준다. 로마공
학에 대한 아폴로도로스의 공헌은 르네상스 시대부터
오늘날까지 후대 공학자들에 구조에 관한 유산이 되어
영감과 기술적 통찰력을 주고 있다.

이스마일 알자자리

알자자리는 이슬람 제국의 황금시대를 이끈 공학자다.
그는 공학의 기본이 되는 '축'을 만들었으며 자신의 재능을
미래 세대에 전달하는 데 노력을 기울였다.

가장 위대한 업적

**독창적인 기계장치를
설명하는 책**
서기 1206년

캐슬 시계
서기 1206년

코끼리 시계
서기 1206년

음악 연주 장치
서기 1206년

전세계의 학술 도서관과 개인 소장품에는 〈독창적인 기계장치를 설명하는 책Book of Knowledge of Ingenious Devices〉이라는 책의 단편들이 흩어져 있다. 원본은 13세기 초에 이슬람 학자이자 기계공학자인 알자자리Al-Jazari가 작성한 것이다. 그의 책에는 50개의 기계장치를 구성하는 방법에 관한 세부 정보가 들어있다. 이것들은 알자자리가 상부 메소포타미아 왕실에서 일하는 동안 설계한 기계였다. 상부 메소포타미아는 현대 시리아와 터키의 일부와 이라크의 대부분을 포함하는 지역이다. 알자자리의 장치는 물을 끌어 올리는 기계와 다양한 시계 등의 실용적인 도구부터 정교한 기계식 와인 디스펜서, 그리고 '자동 음악 연주 장치'까지 다양했다.

알자자리의 삶에 대해 우리가 알고 있는 것은 모두 그의 책 서문에 나오는 몇 가지 세부 사항뿐이다. 그의 이름은 그가 태어난 지역에서 따온 것이다. 티그리스강과 유프라테스강 사이에 있었던 이 지역은 비옥하고 경제적으로 번영했다. 이 지역은 거대한 이슬람 제국의 일부로, 당시 압바시야 왕조Abbasid Caliphs가 통치했다. 압바시야는 학문을 장려하여 도서관을 설립하고 그리스어와 페르시아어, 인도어, 중국어로 된 서적들을 번역하게 했다. 덕분에 이슬람 학자들이 이용할 수 있는 광범위한 전통과 학문적 사상들이 만들어졌다. 알자자리는 상부 메소포타미아의 디야르 바크르Diyar Bakr 왕실에서 일할 때 책 집필에 관한 지시를 받았다. 그 이전까지는 25년간 궁정 기술자로 일했다. 알자자리는 이슬람 황금시대가 절정에 달했던 오랜 평화의 시기에 활동했다. 도서관이 번창했고, 학자들은 이러한 배움의 중심지에 끌려 들어갔다. 학문은 책이 지식을 보존하는 것과 마찬가지로 가치를 발휘했다. 왕은 수석 공학자

알자자리의 물시계 디자인 중 하나. 윗부분의 숫자는 시간을 가리키는 자동 장치다.

인 알자자리에게 그의 지식이 사후에도 보존되도록 그가 설계한 기계장치들을 책으로 편집하라고 요구했다. 실제로 알자자리는 죽기 몇 달 전인 1206년에야 임무를 완수했다.

책을 쓰기 전에 알자자리는 기존의 문헌 중 가치 있는 것들을 자신의 저서에 통합하기 위해 초기 문헌 연구에 착수했다. 그중 하나가 그리스 공학자 헤론으로, 유명한 자동 기계 제작자이자 당시 아르키메데스의 작품으로 여겨지는 물시계 전문가였다. 알자자리는 4세기 전에 100여 개의 독창적인 장치에 대한 개요를 만든 세 명의 페르시아 학자 '바누 무사 Bānū Mūsā' 형제와도 친숙했던 것으로 알려진다.

알자자리의 연구는 이들 초기 문헌에 대해 비판적인 입장을 취한 것은 아니다. 하지만 간혹 지침이 불완전하거나 설명된 장치가 제작하기에 비실용적이며 기술적 철저함이 부족하다는 사실을 발견했다. 실무기술자였던 알자자리는 이러한 문헌의 단점을 해결하고 기술을 개선하는 한편, 후대의 공학자들이 설명을 잘 이해할 수 있게 하는 데 주력했다. 알자자리의 세심한 접근 방식으로 인해 그의 책은 유명해졌다. 그 이후로도 공학 역사를 연구하는 사람들에게 지속적인 가치가 있었다.

알자자리가 그의 책에서 설명하는 장치 중 일부는 첫눈에 왕과 그의 손님을 즐겁게 해주려고 고안된 사소하지만 기발한 것들이었다. 그러나 자동 음악 연주 장치와 와인 디스펜서에 사용된 새로운 기술에 대한 자세한 설명 가운데 명확한 공학적 방법론이 펼쳐진다. 알자자리의 책은 각 기계를 구축하기 위한 단계별 지침이 포함된 실용적인 이론서였기 때문이다.

알자자리의 코끼리 시계

디자인 중에는 시대를 앞서간 수많은 혁신이 있다. 알자자리의 캐슬 시계Castle Clock가 그 예다. 알자자리의 캐슬 시계는 초기 캠축을 사용해 회전 운동을 상하 운동으로 바꾼다. 이것과 그의 물 펌프 중 하나에 설명된 초기 크랭크축은 자동차 엔진의 중요한 특징이 되고 있다. 마찬가지로, 자동 음악 연주 장치 중 일부는 기계 드럼 연주자나 노래하는 새는 프로그래밍이 가능해서, 로봇공학과 컴퓨터 기술의 향후 발전을 예고했다.

알자자리는 재료와 제조 기술을 모두 아우르는 독창적인 공학적 명확성을 바탕으로 하여 〈독창적인 기계장치를 설명하는 책〉을 집필했다. 그는 자신의 장치를 미니어처 삽화로 그리는 일도 했다. 그것은 그의 글만큼이나 다채롭게 중세 아랍 세계의 공학적 업적을 생생하게 들여다볼 수 있게 한다.

"그는 숙련된 기술자였고, 모든 분야에 정통했다. 무엇보다도 그는 가장 중요한 공학 기술서를 후대에 남긴 최고의 장인이었다."
공학자이자 〈독창적인 기계장치를 설명하는 책〉의 번역가 도널드 힐

〈독창적인 기계장치를 설명하는 책〉에 나온 캐슬 시계

필리포 브루넬레스키

르네상스 건축양식의 창시자 중 한 사람. 피렌체의 산타마리아 델 피오레 대성당의 장엄한 돔 건축으로 유명하다. 새로운 도전과 선구적인 공학 방식이 후대의 공학자에게 많은 영향을 주었다.

가장 위대한 업적

바달로네
대리석을 운반하는 배, 1427년

산타 마리아 델 피오레 대성당의 돔
1436년

피렌체 아동병원
피렌체, 1419~1445년

산 로렌초 대성당
피렌체, 1442년 완공

산토 스피리토 바실리카
피렌체, 1434~1446년 대성당의 파사드는 브루넬레스키가 죽은 지 수년이 지난 1482년까지 완성되지 않았다.

이슬람 황금기 동안 보존되고 연구되었던 고대 그리스와 로마 작가들의 글이 중세 시대에 유럽으로 침투하기 시작했다. 이탈리아에서 시작된 이러한 고전 지식의 부흥은 르네상스를 촉발했다. 사회의 변화와 예술의 독창성, 기술의 발전이 15세기와 16세기에 걸쳐서 동시다발적으로 일어났다. 고대에는 예술과 과학 사이에 구분이 없었다. 르네상스 시대에는 피렌체의 건축가이자 공학자인 필리포 브루넬레스키Filippo Brunelleschi를 비롯한 다재다능한 천재들의 업적으로 예술과 과학, 건축, 공학 간의 상호 작용이 새로운 정점에 도달했다. 최고의 업적은 공학과 건축, 예술의 결합을 구현한 건축물인 피렌체의 산타 마리아 델 피오레 대성당의 돔이었다.

브루넬레스키의 초기 생애에 대해서는 알려진 바가 거의 없다. 그는 1377년 이탈리아 피렌체에서 태어났다. 그는 부유한 가정에서 태어나 좋은 교육을 받았지만, 아버지를 따라 법조계에 입문하는 대신 피렌체에 있는 실크 상인 조합의 견습생이 되었다. 피렌체의 7개 주요 조합 중 하나인 이곳에서 금속 세공, 청동 조각, 장신구 등 예술성과 장인 정신이 돋보이는 작품 제작 기법을 익혔다.

22세에 브루넬레스키는 본격적인 금 세공사가 되었다. 이때 브루넬레스키는 시계와 장신구뿐만 아니라 청동으로 된 건축물과 조각작품도 만들었다. 1401년, 브루넬레스키는 피렌체에 있는 산 조반니 세례당의 청동 문 패널 디자인 대회에 참가했다. 그는 경쟁자인 금 세공

브루넬레스키의 거대한 돔이 피렌체의 산타 마리아 델 피오레 대성당을 장식하고 있다.

예술가 로렌조 기베르티Lorenzo Ghiberti에 이어 2위에 올랐다. 근소한 차이로 패한 브루넬레스키는 화가 나서 도나텔로Donatello와 함께 로마를 여행했다. 고전 건축 연구에 몰두하면서 상처받은 자존심을 회복하려고 했던 것으로 보인다. 비록 2위에 입상했지만, 그는 이 대회를 통해 명성을 얻었고 돈 많은 후원자들로부터 주목을 받았다.

1415년에 브루넬레스키는 선형 원근법을 재발견함으로써 시각 예술에 중요한 공헌을 했다. 이것은 화가가 평면에 3차원 물체를 입체감 있게 그릴 수 있는 드로잉 방법이다. 그것

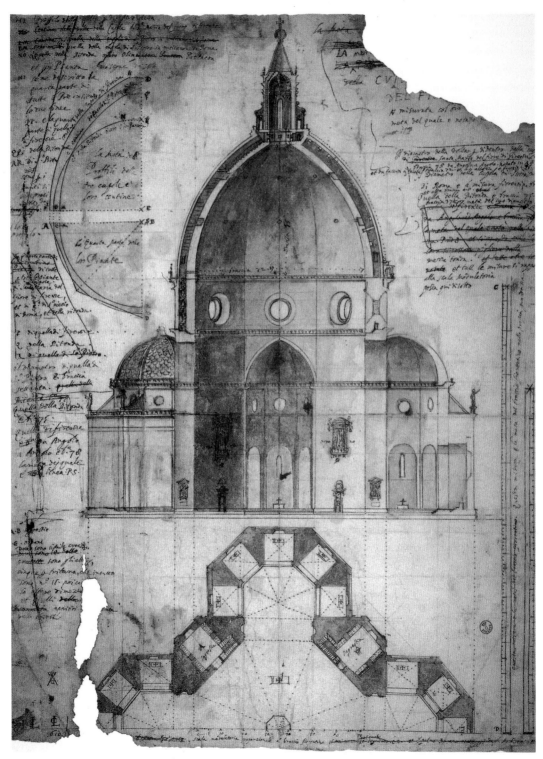

브루넬레스키의 디자인 단면 돔

은 많은 르네상스 예술가들에게 영향을 주었는데, 무엇보다 브루넬레스키 자신의 건축 설계도를 클라이언트와 직원에게 잘 전달하는 데 유용했다. 안타깝게도 브루넬레스키 자신의 설계도는 남아 전해지는 것이 없다. 아마도 틈만 있으면 노하우를 빼내려는 다른 경쟁자들로부터 자신의 디자인과 기술을 보호할 필요 때문이었을 것이다.

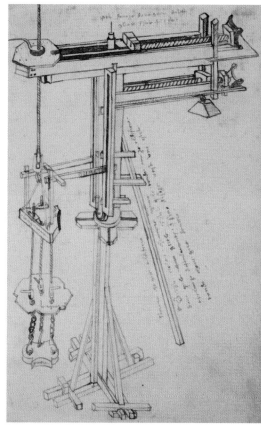

브루넬레스키의 회전 크레인

1418년에 브루넬레스키는 또 다른 공개 경쟁에 참가했다. 이번에는 훨씬 더 크고 권위 있는 위원회를 위한 것이었다. 100년이 넘는 공사 끝에 완공을 앞두고 있던 산타 마리아 델 피오레 대성당을 완성하기 위해 돔을 건축하는 것이었다. 거대한 8각형 동쪽 타워 위에 돔을 건설하는 문제는 초기 건축가들을 좌절시켰다. 브루넬레스키는 가베르티와 한 번 더 경쟁했고, 1420년에 마침내 벽돌로 이중 셸 돔을 만드는 계획으로 최고 점수를 받았다. 브루넬레스키의 계획은 독창적이고 경제적이어서 건설 중 돔을 지지하기 위한 거대한 목조 골조 공사가 필요하지 않았다. 대신 그는 돌기둥 사이에 지그재그 패턴으로 약 400만 개의 벽돌을 쌓아서 스스로 지탱하는 방법을 고안했다. 그는 또한 건설 현장의 핵심이었던 기동성이 뛰어난 황소가 구동하는 승강 장치와 회전식 크레인 시리즈를 설계해 제작했다. 전문가들은 이것으로 매일 약 13,000톤의 벽돌과 대리석을 돔으로 들어 올렸다고 추정한다.

브루넬레스키의 돔 건설 성공은 혁신적인 공학적 해결책과 세심한 계획 및 프로젝트 관리를 결합한 결과다. 지면에서 54m 떨어진 곳에서 시작해 원형 개구부까지 약 33m의 돔을 완성하는 데 15년이 걸렸다. 브루넬레스키의 복잡한 물류에 관한 전문성과 돔 건설의 기술력 덕분에 많은 사람이 그를 세계 최초의 현대공학자로 생각한다. 돔이 건설되는 동안 브루넬레스키는 다른 수많은 건축 및 공학 프로젝트에도 참여했다. 1419년에 첫 번째로 책임을 맡은 건축 프로젝트는 피렌체의 파운들링 병원을 설계하는 것이었다. 이어서 산 로렌초와 산토 스피리토 교회를 설계하면서 그는 공학적 우수성과 예술성으로 더욱 명성을 높였다.

건축 프로젝트 외에 기계공학자로서의 브루넬레스키의 기술은 다른 곳에서도 빛을 발했다. 1425년에 그는 카라라의 채석장에서 무거운 대리석 판자를 피렌체로 운반하도록 설계한 보트로 세계 최초의 공학 특허를 받았다.

브루넬레스키가 설계한 거대한 배, 바달로네

그의 리프팅 및 호이스팅 메커니즘 설계는 시계 제작에서 배운 기어 장치의 지식이 바탕이 되었을 것이다. 안타깝게도 '바달로네Badalone'라는 이름의 브루넬레스키의 배는 최초 항해 중 아르노강에서 좌초되었으며, 100톤에 달하는 대리석과 함께 침몰한 것으로 생각된다. 이것은 브루넬레스키의 경력에 상당한 실패가 있었음을 의미했다. 또 다른 일은 1428년에 브루넬레스키가 인근 루카와의 전쟁에서 피렌체를 돕기 위해 군사기술자로 일했을 때의 일이다. 아이디어는 주변의 세르키오강을 우회하여 루카 도시를 고립시키는 것이었지만 그 계획은 역효과를 일으켜 오히려 피렌체 진영이 범람했다.

산타 마리아 델 피오레의 돔은 1436년에 완성되었다. 대성당 바닥에서 거의 90m 높이로 우뚝 솟은 이 돔은 완성하는 데 약 37,000톤의 벽돌과 돌이 사용되었다. 이것은 브루넬레스키의 이중 돔 디자인과 하중 계산이 정확했다는 증거가 된다. 브루넬레스키는 돔 꼭대기 등불에 관한 그의 디자인이 승인되기 전에 가베르티와 한 번 더 경쟁해야 했다. 아쉽게도 브루넬레스키는 건설이 시작된 직후인 1446년에 사망했다.

1471년, 예술가이자 공학자인 안드레아 델 베로키오Andrea del Verrocchio가 브루넬레스키의 등불 위에 도금한 구리 공을 설치했다. 그와 함께 브루넬레스키의 리프팅 기계에 매료되어 작업을 스케치한 젊은 견습생을 데려왔다. 그 견습생이 바로 레오나르도 다빈치였다. 다빈치도 필리포 브루넬레스키의 선구적 작업에서 영감을 받은 예술가와 공학자 중 한 명이었다.

"산타 마리아 델 피오레 대성당의 웅장한 돔과
그가 발명한 다른 많은 설비들을 통해 그의 뛰어난 기술을
발견할 수 있다."

피렌체의 산타 마리아 델 피오레 대성당 내부에 있는
필리포 브루넬레스키의 비문

마리아노 디 자코포

자코포는 르네상스 시대의 뛰어난 예술가이자 혁신적인 공학자다. 시에나의 수도 시설을 설계한 그는 스스로 '시에나의 아르키메데스'라고 부를 만큼 도시 개발에 많은 공헌을 했다.

최근까지 르네상스 시대의 예술과 문학의 놀라운 발전에 비해 그 시대의 기술적 성과를 가볍게 여기는 경향이 있었다. 지금은 회화와 조각 분야에서 걸작을 남긴 많은 재능이 건축과 공학 분야에서도 인상적인 업적을 남겼다는 사실이 널리 알려져 있다. 일부 평론가들은 이와 같은 기술 발전의 평행선을 '기계의 르네상스'라고 부르며, 숙련된 예술가와 공학자의 등장을 발전의 원동력으로 설명했다.

별명 타콜라(Taccola, 까마귀)로 널리 알려진 마리아노 디 자코포 Mariano di Jacopo는 이렇게 예술가이자 혁신적인 공학자로서의 재능을 모두 가진 복합형 르네상스 천재 중 한 사람이다. 동시대의 브루넬레스키와 마찬가지로 타콜라는 중세 세계에서 르네상스로의 전환에 도움을 주었다. 타콜라는 실제 공학 프로젝트에서 일했지만, 그가 해설한 논문 〈엔진 정보De Ingeneis〉와 〈기계 정보De Machinis〉는 아마 그의 진정한 유산일 것이다. 실용적인 공학적 계획과 보다 공상적인 자유로운 사고가 합쳐져 이 네 권에 걸쳐 펼쳐져 있다. 예술과 공학의 진정한 융합을 보여주는 두 해설서는 뛰어난 설명과 펜화 덕분에 이해하기 쉽게 만들어졌다. 이 책들은 타콜라는 물론 그의 고향인 시에나의 이름을 빛내는 데 기여했다.

타콜라는 1382년 이탈리아 시에나에서 태어났다. 그의 성장기와 교육 시기에 대해 알려진 바가 없지만, 젊은 시절 조각가 야고포 델라 퀘르치아의 작업장에서 훈련을 받았던 것으로 전해진다. 이곳에서 그는 그

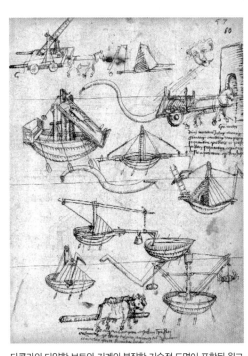

타콜라의 다양한 보트와 기계의 복잡한 기술적 도면이 포함된 원고

마리아노 디 자코포가 설계한 유압식 펌프기

림을 그리고 돌로 조각하고 작업하는 법을 배웠을 것으로 보인다. 1408년, 타콜라는 시에 나 대성당의 조각가로 일했다. 이후 그는 시에나의 대표적인 교육기관인 카사 델라 사피엔 차의 관리직을 맡으면서 그의 경력은 한동안 다양해졌다. 그는 이후 공증인으로 일하며, 시 에나로 유입되는 지식과 새로운 아이디어를 계속해서 흡수했다. 타콜라는 방문 학자들이 시에나로 가져온 과학 문헌이나 이슬람 작품들을 보고 영향을 받아 기계에 점점 더 매료되 었다. 이렇게 발전시킨 기계에 대한 지식을 그는 시에나 건설 프로젝트의 엔지니어로서 실 무에 활용했다. 시에나 공화국의 심장부였던 이 도시는 이 시기에 급속히 팽창하고 있었다. 시에나는 다양한 시민 활동을 지원할 부를 갖고 있었고, 타콜라를 비롯해 이후에 등장하는

시에나 거리 아래에는 '보티니'로 알려진 고대 수도관이 오늘날에도 여전히 도시에 물을 공급하고 있다.

프란체스코 조르지오와 같은 공학자들의 전문 지식을 필요로 했다. 이들 공학자들은 시에나의 기반 시설을 유지하고 확장하는 것뿐만 아니라 요새를 건설하고 새로운 전쟁 무기를 만들어 전쟁 중인 시에나를 방어하는 데 도움을 주었다.

시에나는 개발 산업을 위한 광물과 자원이 풍부했지만, 적절한 물 공급에 큰 문제가 있었습니다. 이전 공학자들은 이 문제를 해결하기 위해 '보티니bottini'라는 25km 지하 수로의 정교한 네트워크를 구축했다. 그러나 이 시스템은 도시의 물과 분수가 계속 흐르도록 하려면 숙련된 기술자의 유지 관리가 필요했다. 시에나에서 물의 중요성을 감안하면, 타콜라가 유압을 그의 공학적 전문 분야로 선택한 것은 놀라운 일이 아니다. 이 분야에 대한 그의 관심은 제분소의 물 흐름 속도를 제어할 수 있는 사이펀, 스크류 펌프 및 수문을 포함한 모든 종류의 물 관리 장치가 포함된 그의 저서에서 분명히 알 수 있다. 1432년 헝가리의 차기 황제인 지기스문트가 방문했을 때 타콜라는 자신을 유압 기술자이자 화가라고 소개했다. 이때부터 지기스문트가 타콜라의 후원자가 되었다. 타콜라는 절대로 자신의 재능에 대해 과소평가하지 않았다. 그는 스스로 '시에나의 아르키메데스'라고 표현하며 〈기계 정보〉 책을 집필하기 시작했다.

타콜라는 도로 건설을 감독하는 것과 같은 일상적인 공학 작업도 담당했지만, 그가 예술적 창의성과 기술적 지식을 자유롭게 조합할 수 있었던 것은 종이 위였다. 말년에 그는 오랜 경력 동안 축적한 아이디어의 페이지를 〈엔진 정보〉와 〈기계 정보〉라는 두 권의 책으로 펴냈다. 여기에는 추측에 근거해 시행착오가 있는 아이디어들도 섞여 있었다. 언덕의 양쪽에서 시작해 중간에서 만나는 천공 터널이나 현장을 조사하는 수학적으로 타당한 방법이 있으며, 철저하게 실용적인 암벽등반 투석 무기 설계도 했다. 그러나 낚시용으로 지나치게 정교한 도르래 기반의 장치나, 풍선 가죽 가방을 사용해 기마병 병사가 물에 떠서 강을 건너게 한다는 실용성이 전혀 없는 아이디어들을 생각나는 대로 옮겨놓은 것들도 있다.

타콜라의 〈엔진 정보〉의 마지막 페이지에는 젊은 시에나 공학자 프란체스코 조르지오의 메모와 그림이 있다. 1453년 타콜라가 사망한 후 조르지오는 타콜라와 유사한 방식으로 텍스트와 삽화를 결합하여 공학 아이디어를 전달했다. 건축에 대한 프란체스코의 논문은 나중에 최고의 예술가이자 공학자인 레오나르도 다빈치에게 영향을 미쳤다.

"독창성은 물소의 힘보다 더 가치가 있다."　　마리아노 쟈코포 〈기계 정보De Machinis〉 중에서

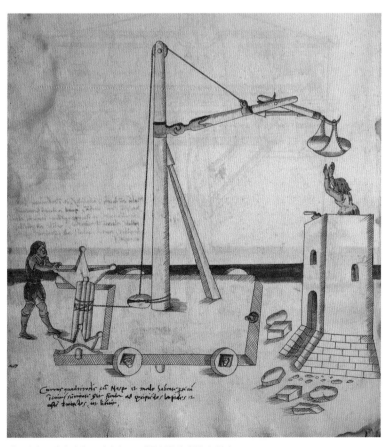

타콜라의 크레인 설계도. 레버와 도르래를 명확하게 볼 수 있다.

레오나르도 다빈치

르네상스를 대표하는 천재 예술가이자 공학자. 학문의 경계 없이 폭넓은 지식과 기술로 두각을 나타냈다. 권세가들은 그의 천재적인 재능을 두고 후원 경쟁을 벌이기도 했다.

가장 위대한 업적

청동 기마상

비행기 설계
1488~1489년경

인체 비례도
1490년경

최후의 만찬
1490년경

모나리자
1516년경

레오나르도 다빈치Leonardo da Vinci는 〈모나리자〉, 〈최후의 만찬〉으로 유명한 르네상스 시대의 대표 예술가다. 그러나 예술은 레오나르도가 지닌 수많은 재능 중 하나에 불과했다. 그는 과학과 해부학, 수학, 건축학, 공학에 대한 기술과 지식을 두루 섭렵했으며, 관찰과 실험을 통해 모든 것을 인문학적인 관점으로 바라보려 했다.

레오나르도가 거대한 청동 기마상을 제작할 때나 이탈리아 밀라노에 위치한 산타 마리아 델레 그라치에 수도원 벽에 〈최후의 만찬〉을 그릴 때, 과학과 수학은 기술적으로 큰 도움이 되었다. 마찬가지로, 그가 연구 중에 발견한 아이디어를 기록하거나 공학 기술과 건축 설계를 정밀하게 다룰 때는 예술의 도움을 받았다.

레오나르도는 종이 위에서 생각하고, 설계하고, 발명하는 예술가이자 공학자였다. 그는 약 7,000페이지에 달하는 글과 삽화를 남겼는데, 그가 일하는 곳 어디에서나 이 메모들을 발견할 수 있었다. 일부는 부유한 고객들에게 제안할 아이디어였고, 나머지는 관찰한 내용이나 과학적 연구에 대해 적은 것이었다. 나중에 이 기록물들은 하나의 책으로 엮어졌고, 오늘날 공학이 레오나르도의 업적에 얼마나 중대한 영향을 끼쳤는지 보여주는 귀중한 발굴물이 되었다.

1452년, 레오나르도는 이탈리아 중부, 토스카나 언덕 사이에 위치한 빈치 마을에서 태어났다. 가난한 농부의 딸이었던 그의 어머니 카테리나 리피는 피렌체에서 공증인으로 일하

밀라노의 산타 마리아 델레 그라치에 수도원 벽에 그려진 레오나르도 다빈치의 〈최후의 만찬〉

던 피에로 다빈치와 사랑에 빠져 레오나르도를 낳았다. 사생아였던 레오나르도는 시골 농
장에서 어머니와 함께 지내다가 5세가 되었을 무렵에는 삼촌과 조부모에게 맡겨졌다. 그는
사생아였기 때문에 고전문헌 암기를 중시했던 정규 교육을 받지 못했다. 하지만 아이러니
하게도 그 덕분에 레오나르도는 어릴 적부터 자유롭게 생각을 펼치며 창의성과 자립정신을
기를 수 있었다. 그는 자신을 '글을 읽지 않은 사람'이라고 내세우며, 단순히 책만 읽기보다
는 사고를 통해 지혜를 얻고자 했다.

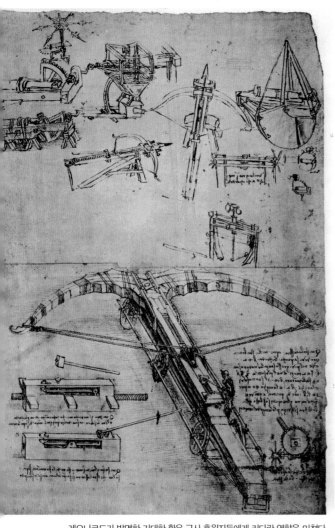

레오나르도가 발명한 거대한 활은 군사 후원자들에게 커다란 영향을 미쳤다.

레오나르도는 14세가 되자 피렌체로 떠났고, 그곳에 있던 아버지의 도움으로 피렌체의 유명 예술가인 안드레아 델 베로키오의 조수가 되었다. 베로키오는 조각가였지만 화가와 금세공인으로도 일했기 때문에 레오나르도는 조각과 소묘, 금속 가공, 기계공학, 화학, 목공에 이르기까지 광범위한 기술과 지식을 습득할 수 있었다. 한번은 베로키오가 레오나르도에게 천사를 그려보라고 지시했는데, 그 결과물이 놀라울 정도로 완벽해서 베로키오는 더 이상 그림을 그리려 하지 않았다는 일화가 있다.

레오나르도는 베로키오와 일하며 공학과 관련한 실무도 경험할 수 있었다. 그는 베로키오가 피렌체의 산타 마리아 델 피오레 대성당에 있는 '브루넬레스키의 돔' 위에 황금 공을 설치하는 일을 도왔다. 작업하는 동안 레오나르도는 브루넬레스키가 돔을 만들 때 사용했던 기계들을 열심히 연구했고, 회전 크레인과 승강장치를 그림으로 기록했다. 경력이 쌓여서 자신의 이름을 내걸 수 있게 된 이후에도 레오나르도는 계속 베로키오와 같이 일했다. 이 때문에 레오나르도는 자기 힘으로 프로젝트를 완성하지 못한다는 평가를 받기도 했는데, 그가 워낙 다양한 분야에 관심이 많아 산만하게 일을 처리한 탓도 있었다.

1482년, 30세의 레오나르도에게 피렌체와 밀라노 간의 갈등을 완화하기 위한 외교 업무가 주어졌다. 그는 밀라노로 파견을 나갔고, 밀라노 공작에게 직접 제작한 은빛 리라를 선물했다. 임무를 성공적으로 수행한 결과 레오나르도는 밀라노 공작의 후계자 루도비코 스포르자와 함께 일할 수 있는 군사기술자가 되었다. 레오나르도는 루도비코에게 편지를 보내 교량 건설이나 터널 공사같이 군사 작전에 적용할 수 있는 기술을 상세하게 설명했다. 그는 장갑차와 대포, 요새를 공격할 수 있는 기구 등 다양한 무기를 열거하는 한편, 전쟁이 끝난 후 유용하게 활용될 토목건축과 수력공학에 대해서도 이야기하며 편지를 마

루도비코 스포르자

무리했다. 자신의 예술적 재능에 대해서는 간단히 언급만 했다. 편지를 읽은 루도비코는 깊은 감명을 받아 레오나르도에게 그 일을 맡겼다.

당시 이탈리아에서는 예술가나 공학자들의 위상은 상상할 수 없을 정도로 높았다. 그래서 통치자들과 부유한 권세가들은 이들을 자기세력으로 끌어들이기 위해 후원 경쟁을 벌이기도 했다. 레오나르도는 말에 올라탄 밀라노 공작의 모습을 본뜬 거대한 동상을 제작하라는 지시를 받았다. '그란 카발로 Gran Cavallo'라는 이름의 이 청동 기마상을 제작하기까지 몇 년이나 걸렸는데, 이를 두고 경쟁자였던 미켈란젤로는 레오나르도가 일을 미루는 버릇이 있다며 조롱하기도 했다. 레오나르도는 청동 기마상을 만들기 위해 약 70톤의 청동을 구매했다. 그러나 프랑스와의 전쟁으로 청동은 대포를 만드는 곳

레오나르도가 발명한 추진기 달린 전차와 근대 탱크의 시초가 된 장갑차

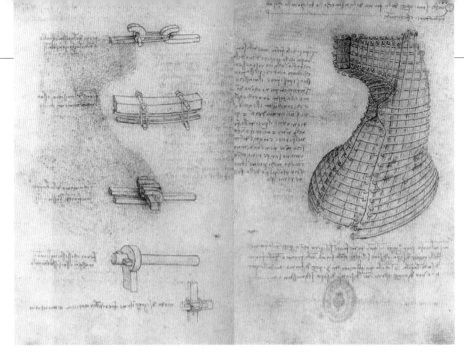

레오나르도가 초대형 기마상을 제작하기 위해 그렸던 스케치

으로 보내졌다. 레오나르도는 초대형 청동 기마상 제작이라는 프로젝트를 중단하고 보다 작은 조형물을 완성할 수밖에 없었다. 그 후 밀라노가 프랑스군에게 함락되자 레오나르도는 베네치아로 피난을 떠났다. 남겨진 청동 기마상은 프랑스군의 활쏘기 훈련용 표적으로 사용되었다.

밀라노를 떠난 후 레오나르도는 베니스, 만토바, 피렌체, 로마를 돌아다니며 토목 기사로 일했다. 그러면서도 학문을 놓지 않았다. 그는 인체 해부학부터 다양한 모양의 나사와 선구적 발명품에 이르기까지 모든 내용을 노트에 빼곡하게 적으며 연구에 전념했다.

1513년, 61세가 된 레오나르도는 교황 레오 10세의 초청을 받아 로마 바티칸에서 살게 되었다. 그곳에서 레오나르도는 그의 열렬한 후원자였던 프랑스 국왕 프랑수아 1세를 만난다. 그의 제안으로 레오나르도는 프랑스 클로 뤼세에 있는 왕실의 저택으로 이사해 연금을 받으며 자유롭게 일했다.

1519년, 레오나르도는 항상 지니고 다녔던 미완성의 모나리자 초상화와 수천 장의 노트만을 남긴 채 세상을 떠났다. 이상적인 도시의 모습부터 비행기에 이르기까지, 레오나르도가 구상했던 계획이 모두 실현된 것은 아니었다. 그러나 그의 무한한 창의성은 오늘날에도 많은 공학자들에게 영감을 주고 있다.

"인간의 창의성으로 다양한 발명품을 만들어낼 수는 있겠지만,
 자연보다 더 아름답고 간결하고 정확한 발명품은 결코 생각해낼 수 없을 것이다."

레오나르도 다빈치

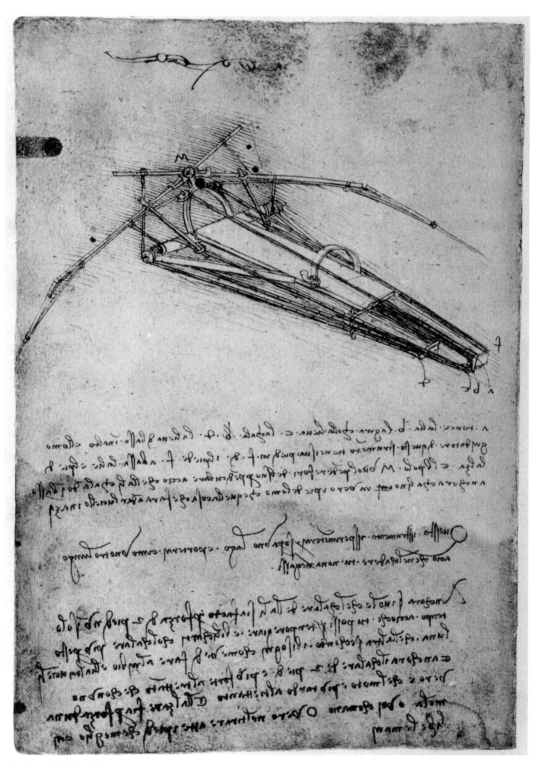

레오나르도가 구상한 비행기

코르넬리스 드레벨

드레벨은 창의적인 사고로 끊임없이 발명품을 만든 다재다능한
공학자였다. 조각가로서 경력을 시작했지만, 독창적인 기술을
개발하는 공학자가 되어 놀랍도록 많은 것들을 발명했다.

가장 위대한 업적

영구적으로 작동하는 시계
1598년

복합 현미경
17세기 초

노로 젓는 잠수함
1620년

자동 조절 오븐
1620년대
초기 버전의 온도 조절 장치가
탑재된 자동 조절 오븐

드레벨은 공기 압력의 변화를
교묘하게 사용하여 태엽을 감을 필요가
없는 영구 작동 시계를 발명했다.

네 덜란드의 발명가이자 공학자인 코르넬리스 드레벨Cornelis
Drebbel은 잠수함을 만든 세계 최초의 인물이다. 이 업적이 너
무도 유명한 탓에 화학공학, 제어 메커니즘, 광학 등 여러 분야에서 이
루어낸 그의 공헌들은 가려졌다. 드레벨은 과학기술 혁신의 주도권이
이탈리아에 있던 르네상스 시기부터 북유럽이 주도하는 '이성의 시대'
로 넘어간 전환기에 활동했다. 이때는 탐험과 영토 확장이 활발하게
이루어진 시기였기 때문에 드레벨 같은 공학자가 필요했다.

1572년, 드레벨은 네덜란드 알크마르에서 태어났다. 정규 교육을
받은 후 드레벨은 하를렘으로 떠났고, 그곳에서 유명한 예술가이자 철
학자인 헨드릭 홀치우스의 조수가 되어 조각과 지도 제작을 배웠다.
홀치우스는 연금술에 관심이 있었다. 당시 연금술은 철학이라는 신비
하고 비밀스러운 분야와 화학이라는 과학 분야가 결합된 실험이었다.
연금술사들은 비금속을 금으로 바꾸는 데 관심이 있었는데, 그들의 실
험은 화학과 공학이 발전하는 토대가 되었다. 홀치우스는 자신이 습득
한 연금술을 드레벨에게 알려주었다. 나중에 드레벨은 폭죽과 폭발물
을 만들어 자신이 유능한 화학자임을 증명했다.

수습 과정을 마친 드레벨은 홀치우스의 누이와 결혼한 뒤 알크마
르로 돌아가 판화 제작 사업을 시작했다. 그러나 가족을 부양하기에
는 벌이가 충분치 않자 공학 분야로 진출했다. 1598년, 드레벨은 2개
의 특허를 받았다. 하나는 물을 길어 올릴 수 있는 펌프였고, 다른 하
나는 태엽을 감을 필요가 없는 스프링 구동 장치가 달린 시계였다. 드
레벨은 공기 압력의 미세한 변화를 이용해 시계 내부의 스프링이 풀리
지 않도록 했다. 사람들은 영구적으로 작동하는 기계에 매료되었고,

공학자로서 드레벨의 신뢰도는 더욱 높아졌다. 과학 연구가 성행하던 북유럽에는 일거리가 많았다. 드레벨은 수익성이 좋은 과학 기구 제작 사업에 뛰어들었고, 망원경과 현미경용 렌즈를 연구하며 과학책을 저술하기도 했다.

복원한 드레벨의 잠수함

명성이 높아지자 그는 영국으로 건너가 제임스 1세의 궁정에서 일하게 되었다. 거기에서 그는 궁중의 유흥을 위한 불꽃놀이용 폭죽을 제작했다. 얼마 지나지 않아 드레벨은 또 다른 일자리를 찾았다. 연금술에 관심이 있던 신성 로마 제국 황제 루돌프 2세의 궁정에서 일하기 위해 드레벨은 1610년에 프라하로 이사했다. 하지만 이듬해 루돌프 2세는 자신의 동생인 마티아스에 의해 폐위되고, 드레벨은 1년간 감옥에서 지내다가 빈털터리 신세로 영국에 돌아갔다.

그렇지만 드레벨은 물러서지 않고 또다시 창의성을 발휘했다. 그는 두 개의 렌즈를 사용해서 훨씬 더 정밀하게 볼 수 있는 복합 현미경을 발명했고, 화학기술을 이용해 더 선명하고 색이 변하지 않는 빨간색 염료를 개발했다. 그는 또 온도 자동 조절 장치를 발명하기도 했는데, 이를 활용해 온도가 일정하게 유지되는 인큐베이터를 설계해 달걀이 잘 부화할 수 있도록 했다. 이는 자동화된 제어 메커니즘을 적용한 최초의 혁신적인 공학 기술이었다.

드레벨은 제임스 1세의 궁정으로 돌아간 뒤 1620년에 세계 최초로 잠수함을 제작해 성공적으로 시연을 보였다. 잠수함을 맨 처음 구상한 건 윌리엄 본이었지만, 그 디자인을 제작할 수 있는 기술은 드레벨이 가지고 있었다. 이로써 영국 해군들은 드레벨을 해군 기술자로 인정했다. 그러나 그의 재능이 프랑스군과의 해상전쟁에서 별다른 성과를 내지 못하자 그들은 드레벨을 해고했다. 이후 침체기를 맞이한 그는 런던에서 선술집을 운영하다가 1633년에 쓸쓸히 세상을 떠났다. 토머스 에디슨과 함께 언급되며 다양한 분야에서 뛰어난 활약을 펼쳤던 공학자 드레벨의 삶은 그렇게 초라히 막을 내렸다.

"그의 손뿐만 아니라, 놀라운 머리에서 내가 '스탠딩 망원경'이라 부르는 것이 나왔다. 드레벨이 평생 동안 이 놀라운 튜브만 만들고 다른 것을 만들지 않았다면 그는 불멸의 명성을 얻었을 것이다."　　**콘스탄틴 호이겐스, 드레벨의 현미경에 대하여**

크리스티안 호이겐스

망원경의 기능을 개선해 토성의 고리를 최초로 발견한 네덜란드의 물리학자. 파동의 전파를 설명하는 '호이겐스 원리'를 확립했으며 세계 최초의 진자 시계를 만든 사람이기도 하다.

가장 위대한 업적

토성의 거대한 위성, 타이탄 발견
1655년

진자 시계
1657년

토성의 고리 관측
1659년

회중시계
1675년

크리스티안 호이겐스Christiaan Huygens는 17세기 최고의 과학자이자 수학자, 천문학자, 발명가, 공학자였다. 그는 물리적 힘과 확률에 관한 중요한 연구뿐 아니라 빛의 파동 이론으로 과학에 엄청난 공헌을 했다. 천문학자로서 그는 망원경의 기능을 개선해 토성이 고리로 둘러싸여 있다는 사실을 처음 발견했다. 숙련된 기계공학자이기도 했던 그는 세계 최초의 진자 시계pendulum clock를 개발하는 한편, 시계의 정확도를 크게 향상시켜 유용성을 높였다.

1629년, 호이겐스는 네덜란드 헤이그의 부유한 가정에서 태어났다. 아버지 콘스탄틴은 외교 업무차 출장을 자주 다녔다. 덕분에 호이겐스는 어렸을 때 이탈리아 과학자 갈릴레오와 프랑스 사상가 데카르트 같은 지식인을 만났다. 이런 환경이 과학에 대한 호이겐스의 혁명적 열정에 불을 붙였다. 그의 아버지는 어려서부터 뛰어난 수학적 재능을 보인 호이겐스를 '나의 아르키메데스'라고 불렀을 정도였다.

청소년기까지는 집에서 가정교사에게 교육을 받다가 1645년에 라이덴대학교에 입학해서 법과 수학을 공부했다. 2년 후 그는 브레다에 있는 새로운 대학으로 옮겨 1649년에 학업을 마쳤다. 그는 아버지를 따라 외교관이 되었지만, 사실 외교보다는 수학에 더 흥미가 있었다. 부유했던 집안 덕분에 호이겐스는 고향으로 돌아가 독립적으로 공부를 시작했고, 다른 지식인들과 서신을 주고받으며 의견을 교환했다.

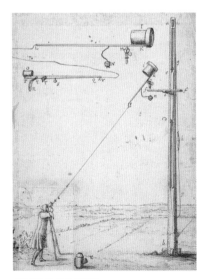

호이겐스의 공중 망원경

호이겐스는 광학과 천문학에도 관심이 있었다. 당시 네덜란드에는 렌즈를 제작할 수 있는 최첨단 시스템이 갖춰져 있었다. 호이겐스는 형 콘스탄틴과 함께 렌즈 제작 기술을 배웠다. 이 경험을 통해 그는 보다 정밀한 대형 렌즈를 생산하는 기계를 발명했고, 이 대형 렌즈를 사용해 기존보다 훨씬 기능이 뛰어난 망원경을 만들었다. 1655년, 호이겐스는 이 망원경으로 토성을 관찰하다가 토성 주위를 돌고 있는 위성을 처음 발견했다. 나중에 그것은 타이탄Titan 이라는 이름이 붙여졌다. 1659년에는 최초로 토성의 고리를 정확히 관측했다. 토성의 고리는 1610년에 갈릴레오가 처음 발견했지만, 당시의 망원경으로는 정밀한 관측이 불가능했다. 호이겐스의 발견은 그가 지니고 있던 공학·광학·과학 지식을 결합했기에 가능한 결과였다. 이를 계기로 명성을 얻은 호이겐스는 프랑스 왕 루이 14세의 권유로 1666년에 파리로 건너가 권위 있는 과학 아카데미에 들어갔다. 여기에서 천문학과 광학 연구에 매진했다.

천문 관측에서 정확한 시간 기록은 무척 중요했다. 또 세계 무역이 확장되면서 선박 항해에 시계의 정확성이 더 중요해졌다. 호이겐스는 갈릴레오가 1602년에 발견한 '진자가 한 번 왕복하는 데 걸리는 시간은 진자의 길이와 관계없이 일정하다'는 '진자의 운동 법칙'을 알게 되었다. 그리고 이를 시계에 접목해 1657년, 진자 시계를 만드는 데 성공했다. 갈릴레오도 진자의 운동 법칙을 시계에 적용할 수 있다는 걸 알고 있었지만, 실제 시계로 구현해 낸 것은 호이겐스였다. 호이겐스의 진자 시계는 당시의 스프링 구동식 기계 시계보다 시간 측성 정확도가 엄청나게 향상되었다. 수백 년 후 쿼츠 시계기 발명되기 전까지 호이겐스의 진자 시계는 세상에서 가장 정확한 시계였다.

호이겐스는 시계공학의 또 다른 혁신인 밸런스 휠을 만들었다. 밸런스 휠은 나선형 스프링이 달린 무거운 바퀴로, 한 방향으로 회전한 다음에는 다른 방향으로 회전하며 기계의 움직임을 조절하는 장치였다. 이는 영국 과학자 로버트 훅이 몇 년 전에 고안한 아이디어였지만, 구현할 수 있는 설계도를 처음으로 만든 것은 정밀공학 기술을 가진 호이겐스였다. 그는 1675년에 그가 특허받은 회중시계에 이 아이디어를 적용했다.

그 당시 시급한 과제는 선박 항해에 도움이 되는 정확한 시계를 만드는 것이었다. 호이겐스는 1660년대부터 시제품을 제작했지만 해상 시험에 많은 시간이 걸렸다. 하지만 파도가 진자 운동에 영향을 미쳐서 시간을 정확히 맞추지 못 했다.

호이겐스는 1681년 파리에서 네덜란드로 돌아와 작업과 책 집필을 계속했다. 그는 또 세계를 다니며 강연을 하기도 했는데, 훗날 호이겐스의 업적을 무색하게 만든 뉴턴과 같은 과학자를 이 시기에 만났다. 평생 건강이 좋지 않았던 호이겐스는 말년에 상태가 더욱 나빠져 1695년, 66세에 생을 마감했다.

시계에 사용된 밸런스 휠

"세상은 나의 나라이고,
과학은 나의 종교이다."

크리스티안 호이겐스

로버트 훅

영국의 화학자이자 물리학자인 로버트 훅은 직접 개발한 현미경으로
세포를 발견한 공학자이기도 하다. 그는 과학과 공학의 세계를
연결하며 실험과 관찰을 강조하는 현대 과학의 기초가 되었다.

가장 위대한 업적

진공 펌프
1655년

훅의 법칙
1660년

왕립학회의 회원으로 선출
1663년

마이크로그라피아
훅의 저서, 1665년

런던의 측량사로 임명
1666년
런던 대화재 이후 런던 재건을
도왔다.

프랜시스 베이컨과 르네 데카르트 같은 사상가들에 의해 시작된
과학 혁명은 17세기에 더욱 속도를 냈다. 그 당시 철학자들이
자연의 원리를 연구하던 방식은 실험과 관찰을 강조하는 현대 과학의
토대가 되었다. 이 시기에 런던의 왕립학회를 포함하여 유럽 전역에
서 과학 학회와 아카데미가 생겨났다. 로버트 훅Robert Hooke이 '자연
철학자'로서 이름을 알리게 된 곳도 바로 여기였다. 훅은 현미경과 망
원경으로 관찰하고 발견한 내용을 이론으로 만들고, 이를 활용해 물리
학에서 화석에 이르기까지 모든 것을 추론했다. 1666년에 발생한 런
던 대화재 이후 그는 크리스토퍼 렌과 함께 런던을 재건하기 위해 자
신의 전문 기술을 발휘했다.

훅은 공학이 별도의 학문으로 발전하기 이전부터 이미 숙련된 공학
자이자 과학자였다. 그는 비천한 가문 출신이었지만, 천재적인 재능
덕분에 부유한 신사들이 주도하던 과학 분야에서 일할 수 있었다. 자
연철학자들은 실험에서 사용할 특수 도구를 제작하기 위해 장인 기술
자들을 고용했다. 이는 과학 연구의 속도를 높임과 동시에 공학 분야
에 발전을 가져왔다. 무역과 성장이 활발하던 시대에 공학자들은 과학
적 발견을 상업적으로 유용한 기술과 장치로 바꾸는 데 동원되었다.
훅은 과학과 공학의 세계를 연결하며 이름을 떨칠 수 있었다.

로버트 훅은 1635년 영국 와이트섬의 해안 마을에서 태어났다. 훅
의 아버지는 성직자였는데, 훅이 자주 아팠기 때문에 집에서 아버지로
부터 교육을 받았다. 훅은 미술과 모형 제작에 일찍부터 재능을 보여,
소년 시절에 실제 대포를 장착한 모형 전함과 나무로 된 시계 모형을
만들기도 했다. 훅이 13세 때 아버지가 세상을 떠나면서 훅 앞으로 작

공기 펌프와 유리 진공 구를 이용한 실험

은 유산을 남겼다. 이 돈을 가지고 훅은 유명한 화가 피터 렐리의 조수가 되기 위해 런던으로 갔다. 하지만 예술에 대한 꿈은 오래가지 못하고, 대신 웨스트민스터학교에 들어가 학업을 계속했다. 여기서 자유롭게 기계도 손보고 이런저런 물건들을 만들기도 했다.

학교를 졸업한 뒤, 훅은 옥스퍼드 대학에 진학하여 학장인 존 윌킨스가 운영하는 자연철학자 동아리의 멤버가 되었다. 윌킨스는 건축가 크리스토퍼 렌, 과학자 로버트 보일을 비롯한 다양한 인재를 영입한 천재였다. 윌킨스는 훅의 엄청난 재능을 알아보고 그의 지식 탐구를 돕기 위해 자기 그룹으로 끌어들였다. 윌킨스는 훅에게 영감을 주는 멘토가 되었다. 훅이 로버트 보일의 기술 조교로 고용된 것도 윌킨스 덕분이었

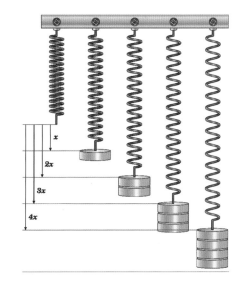

훅의 법칙에 기술된 스프링의 탄성

다. 훅의 열정과 호기심은 끝이 없었다. 그는 조교로 일하면서도 끊임없이 연구를 이어나갔다. 1660년 그는 오늘날 '훅의 법칙'으로 잘 알려진 '탄성의 법칙'을 공식화했다. 또한 스프링 구동 시계에 밸런스 스프링을 추가해 시계의 정확성을 높이는 설계를 고안했다. 이것은 나중에 크리스티안 호이겐스가 발명품으로 만들었다(56쪽 참조).

1660년 런던에서는 왕립학회가 결성되었는데 여기에는 윌킨스 그룹의 핵심 구성원 중 일부도 포함되어 있었다. 윌킨스 그룹의 뛰어난 인재였던 훅이 학회 실험에 참여하는 것은 당연했다. 그는 왕립학회에서 강의도 하고 실험 시연도 진행하면서 점차 입지를 넓혔다. 훅은 1663년 옥스퍼드 대학교에서 석사 학위를 받은 후 왕립학회의 정식 회원이 되었고, 재정적으로도 안정되어 연구에만 전념할 수 있었다.

이 무렵 훅은 거울과 램프를 이용해 빛의 초점을 더 정확하게 맞출 수 있는 현미경을 만들었다. 현미경의 선명도가 좋아지자 미생물부터 소변의 결정에 이르기까지 그의 연구는 날개를 달았

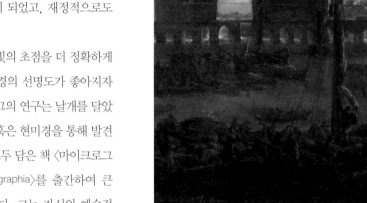

1666년 런던 대화재

다. 1665년 훅은 현미경을 통해 발견한 내용을 모두 담은 책 〈마이크로그라피아Micrographia〉를 출간하여 큰 인기를 얻었다. 그는 자신의 예술적 재능을 사용하여 현미경으로 확대한

훅의 현미경

벼룩, 파리의 눈, 식물의 구조까지 모든 것을 관찰해 삽화로 그려 넣었다. '세포cell'라는 단어도 훅이 현미경으로 본 코르크 껍질을 그린 것에서 유래되었다. 〈마이크로그라피아〉는 대중의 상상력을 자극했다. 유명한 작가 사무엘 피프스는 이 책에 너무 매료된 나머지 그것을 다 읽느라 밤을 새웠다고 말했다.

1666년 13,000채 이상의 집과 87개의 교회, 세인트 폴 대성당까지 불에 탔던 런던 대화재 이후 훅은 도시 재건 작업을 돕기 위해 측량사로 일했다. 이 일로 훅의 능력이 입증되었고, 왕립학회와 옥스퍼드 대학에서의 강의도 계속할 수 있었다. 훅은 영국의 과학자 아이작 뉴턴과 견줄 만큼 유명 인사가 되었다. 두 사

람은 서로 시기하며 연구 결과에 대한 공로를 두고 경쟁했다. 1703년 훅이 사망한 후 뉴턴은 자신의 명성을 가볍게 여겼던 훅을 용서하지 않고 왕립학회의 회장이 되자 훅의 업적을 숨기고 훼손했다. 다행히도 현대 역사학자들이 뉴턴에게 가려져 있던 훅을 구해냈고, 그의 업적이 오늘날 전문적인 공학 기술의 시작이었다는 사실이 널리 알려졌다.

〈마이크로그라피아〉에 있는 벼룩 삽화

"왕립학회의 목표는 실험을 통한 발명으로 모든 자연 사물과 유용한 기술에 관한 지식을 개선하는 것이다."

로버트 훅

토머스 뉴커먼

토머스 뉴커먼의 증기 기관 기념패

가장 위대한 업적

증기 기관
1712년
세계 최초의 증기 기관

토머스 뉴커먼은 18세기 영국의 산업혁명을 이끈 인물로,
모든 산업과 혁신의 원동력인 증기를 성공적으로 활용한 첫 번째
공학자다. 그가 제작한 '뉴커먼 엔진'은 세계 최초의 증기 기관이 되었다.

공학은 18세기 말 영국에서 엄청난 성과를 이루었다. 발명가와 공학자 들은 새로운 기술과 기계를 개발하며 산업혁명을 이끌었다. 덕분에 영국은 전통적 방식의 소규모 산업국가에서 기계화된 공장을 갖춘 산업 강국이 될 수 있었다. 또 공학자들은 운하, 철도, 터널, 다리 같은 새로운 운송 연결망을 만들어 물품을 빠르게 운반할 수 있도록 했다.

이 모든 혁신의 추진력은 바로 증기였다. 그리고 이 증기를 성공적으로 활용한 최초의 공학자는 바로 토머스 뉴커먼Thomas Newcomen이다. 1712년에 그는 '뉴커먼 엔진Newcomen Engine'으로 알려진 세계 최초의 증기 기관을 발명했다. 산업혁명이 번지면서 세계 곳곳에 약 2,000개 이상의 증기 기관이 설치되었다. 뉴커먼의 엔진은 근대 산업 체계를 탄생시킬 첫 동력을 제공했다.

1664년 토머스 뉴커먼은 영국 데본의 다트머스에서 태어났다. 그의 초기 활동에 대해 알려진 것은 없다. 21세 무렵 그는 영국 남서부에서 철물상을 운영하며 금속 노동자들과 정기적으로 교류했다. 기술 혁신 시대에 접어들면서 뉴커먼은 점차 전문적인 공학 지식을 습득했고, 같은 교회에 다니던 배관공 존 캘리와 동업을 시작했다. 세상을 바꿀 두 독학 공학자들의 역사적인 무대가 마련된 것이다.

뉴커먼의 고객 중에는 광산 소유주도 있었다. 광산업은 금속 광석에 대한 높은 수요로 호황을 누리고 있었지만, 홍수로 인해 광산을 충분히 활용할 수 없었다. 침수된 갱도에서 물을 퍼내기 위해 말의 힘으로 물을 길어 올리는 펌프가 사용되었지만, 하루에 퍼낼 수 있는 양은 매우 적었다. 더 강력하고 경제적인 펌프가 필요했다. 뉴커먼은 증기

뉴커먼의 증기 기관

랙 컨트리 리빙 뮤지엄에 복원된
뉴커먼의 증기 기관

세이버리의 증기 펌프

가 그 펌프를 만들 수 있는 열쇠라고 믿었다. 그는 토머스 세이버리가 증기 펌프로 물을 퍼
낸 실험을 분석했다. 증기의 힘을 사용해 물을 끌어올린다는 펌프의 원리는 그럴듯해 보였
지만, 속도도 느리고 제작 비용도 많이 들었다. 무엇보다 깊은 광산에서 사용하기에는 흡입
력이 턱없이 부족했다.

　뉴커먼과 캘리는 세이버리의 증기 펌프를 개선하기 위한 여러 실험을 한 끝에 금속 실린
더 내부에 움직일 수 있는 피스톤을 도입하자는 결론을 내렸다. 그들이 고안한 설계는 증기
를 응축해 실린더 내부를 진공 상태로 만든 다음 피스톤을 아래로 끌어당기는 방식이었다.
피스톤 덕분에 펌프는 마치 시소처럼 위아래로 움직일 수 있었다. 증기 기관을 사용한 최초
의 상업 펌프는 1712년 스태퍼드셔 탄광에 설치되었다. 이 펌프는 45m 이상의 깊이에서도
분당 45L 이상을 퍼 올릴 수 있었다. 더 놀라운 점은 밤낮으로 지치지 않고 작동한다는 사

실이었다. 증기 펌프는 말로 구동하는 펌프의 성능을 훨씬 능가했다. 광산에서 시작된 이 새로운 증기 동력 기술은 얼마 지나지 않아 전 세계로 수출되었다.

뉴커먼의 증기 기관은 석탄과 광물 생산량을 대폭 늘리며 산업혁명을 가속화했다. 이는 영국을 넘어 전 세계의 사회 구조와 경제에 근본적인 변화를 가져다준 사건이었다. 안타깝게도 증기 펌프에 대한 특허권은 세이버리가 차지하게 되었지만, 뉴커먼과 캘리는 공학자로서 성공적인 삶을 살았다. 두 사람은 유럽 전역에 100개 이상의 증기 기관이 설치되는 것을 보았다. 비록 뉴커먼의 증기 기관은 에너지 효율이 낮아 연료 낭비가 심했지만, 증기력을 활용하는 획기적인 기술혁신이었다. 증기 기관은 18세기 이후까지 사용되었고, 후대의 주요 공학자인 제임스 와트에 의해 비로소 완성되었다.

"우리가 알고 있듯이 철과 열은
기계 기술의 지지대이고 기반이다.
이 물질들에게 도움을 받지 않는 기업은 없다."
프랑스 기계공학자 사디 카르노, 불의 원동력에 대한 고찰, 1824년

증기 동력의 선구자들

증기 동력 엔진을 개발하려는 시도는 이전에도 있었다. 이런 초기의 증기 엔진들이 기술 시연의 시제품 역할을 했고, 뉴커먼의 발명에 길을 터주었다.

드니 파팽(1647~1713)

1682년 프랑스의 과학자이자 공학자. 고압 증기와 안전밸브를 이용한 압력솥을 시연했다. 이를 계기로 그는 1690년 세계 최초의 증기 피스톤 기관을 만들었고, 이는 뉴커먼의 증기 기관 발명에 영향을 주었다.

토머스 세이버리(1650~1715)

영국의 군사공학자. 파팽의 증기 기관에서 영감을 받아 광산에서 물을 퍼내는 증기 펌프를 만들었고, 1698년에 특허를 냈다. 세이버리의 증기 펌프에는 피스톤이 없었지만, 증기를 응축해서 생성된 진공을 이용해 흡입력을 만들어냈다. 세이버리의 설계는 뉴커먼이 증기 펌프를 개선할 때 적용한 증기 동력의 기본 원리를 제공했다.

존 해리슨

존 해리슨은 바다 위 경도를 정확히 측량해낸 공학자다. 그가 발명한 항해용 시계인 '크로노미터'는 뛰어난 정확성으로 공학의 걸작이라 평가되며 항해 기술에 혁명을 가져왔다.

가장 위대한 업적

메뚜기 탈진기
시계의 움직임을 조절하는 부품,
1722년

해상 시계 H1
1735년

해상 시계 H4
1759년

공학자들은 문제에 대한 실용적인 해결책을 찾는 사람들이다. 18세기 해양 국가들의 주요 문제는 정확한 항해였다. 바다는 세계 무역과 군사력의 핵심이었지만, 바다를 가로지르는 항로를 계획한다는 것은 부정확해서 위험하기 짝이 없는 일이었다. 배가 육지에서 벗어나면, 태양이나 별을 기준으로 위도를 가늠하거나, 적도에서 북쪽이나 남쪽으로 얼마나 떨어져 있는지를 확인하는 게 고작이었다. 동쪽이나 서쪽으로는 얼마나 이동했는지 정확히 알 방법은 없었다. 이 '경도 문제'를 해결한 공학자가 바로 영국의 존 해리슨John Harrison이다. 그는 혹독한 바다 여행을 견딜 수 있는 초정밀 시계를 개발하여 항해에 혁명을 일으켰다.

1693년 존 해리슨은 요크셔의 작은 마을인 파울비에서 태어났다. 존은 목수였던 아버지를 따라 무역업에 뛰어들었다가 20대 초반에 시계 제조를 시작했다. 그는 여러 개의 진자 시계를 만들며 더 정밀한 시계를 제작하기 위해 노력했다. 시계의 정확도를 해치는 주요 원인은 마찰이었다. 해리슨은 일부 부품을 기름성분이 함유된 목재로 대체함으로써 마찰 문제를 해결했다. 또한, 기어의 회전속도를 일정하게 만들어 시계가 규칙적으로 움직이게 하는 새로운 메커니즘을 개발했다. 이러한 정밀공학 기술은 나중에 존 해리슨이 '크로노미터'라는 항해용 시계를 개발하는 데 큰 도움이 되었다.

1707년 10월, 4척의 영국 해군 전함이 항로를 착각해 암초와 충돌하면서 배가 침몰하는 사건이 발생했다. 약 2,000명의

1707년 영국 해군 전함이 침몰하는 최악의 해상 사고 때문에 '경도 문제'가 화두로 떠올랐다.

목숨을 빼앗은 이 끔찍한 재난 때문에 '경도 문제'가 화두로 떠올랐다. 1714년 7월 영국 의회는 경도 문제를 해결하는 사람에게 지금 우리 화폐 가치로 30억여 원에 해당하는 상금을 주겠다고 발표했다. 존 해리슨은 아주 정확한 초정밀 시계를 만드는 것에 해답이 있다는 걸 확신하고 그 상에 도전했다. 훗날 이것은 그에게 일생일대의 사건이 되었다.

해리슨의 첫 번째 해상 시계 H1

해리슨은 항해 중에 정확한 시간을 알 수 있다면 현지 시각과 영국 시각을 비교해 경도를 계산할 수 있다는 사실을 깨달았다. 세계 어디에서나 정오가 되면 태양은 바로 머리 위에 위치하게 된다. 따라서 배의 선장은 항해를 시작할 때 확인한 시간을 기준으로 시차 1시간마다 경도가 15도씩 이동한다는 사실을 알 수 있다.

해리슨은 왕립 천문학자 에드먼드 핼리의 지원을 받아 그의 첫 번째 해상 시계인 'H1'을 제작했다. 그는 해상 시계가 기존 시계보다 약 50배는 더 정확해야 한다는 것을 알았다. 육지에서 진자 시계는 가장 정확한 시계였지만 바다에서는 달랐다. 파도에 출렁거리는 배의 움직임은 진자 운동에 영향을 미쳤다. 그래서 해리슨은 H1에 스프링 구동 방식을 적용했다. 이것은 두 개의 흔들리는 구형 무게 추가 있고, 진자 대신 스프링으로 균형을 잡는 메커니즘을 갖고 있다. 이 설계는 마찰을 최소화했기 때문에 따로 윤활유가 필요 없었다. 1735년에 완성된 H1은 해상 시험에서 정확성이 입증되었지만, 상금을 받기에는 충분하지 않았다.

이에 굴하지 않고 해리슨은 런던으로 이주하여 19년 동안 'H2'와 'H3'라는 두 개의 시계를 추가로 제작했다. 둘 다 혁신적인 공학 기술로 만든 훌륭한 시계였지만, 여전히 상을 받을 수 없었다. 해리슨은 60대에 이르러 기존의 큰 시계에 대한 미련을 버리고 회중시계를 기반으로 한 작은 시계 쪽으로 연구 방향을 완전히 바꿨다. 그 결과 탄생한 것이 정밀공학의 걸작으로 평가받는 'H4'이다. 경도 위원회는 여전히 해리슨에게 상을 주는 것을 반대했지만, 결국 조지 3세 왕이 해리슨의 방안을 받아들임으로써 보상을 받을 수 있었다.

1776년, 해리슨이 사망한 후 H4를 직접 사용해 본 유명한 탐험가 제임스 쿡 선장은 H4에 대해 '절대 실패하지 않는 가이드'라며 극찬했다. 길이가 13cm에 불과한 해리슨의 작은 해상 시계는 공학 기술의 걸작이자 바다 항해에 영원히 남을 혁명이었다.

"항해 기술에 정통한 사람들은 인간의 생명과 안전, 선박의 보존, 신속한 항해를
　위해 경도의 발견만큼 바다에서 간절히 바라는 것은 없다는 것을 잘 알고 있다."

경도법, 1714년

해상 시계 H4

제임스 와트

제임스 와트는 증기 기관을 발명한 위대한 공학자다. 그의 증기 기관은 공학적 혁신이 세상을 변화시킨 위대한 업적 중 하나로 꼽힌다. 공학계는 그의 업적을 기려 기계 전력의 측정 단위를 '와트'라고 정했다.

가장 위대한 업적

증기 기관
1776년

태양과 행성 장치
1781년

원심 속도 조절기
1788년

휴대용 복사기
1795년

스코틀랜드의 공학자 제임스 와트James Watt는 산업혁명을 새로운 차원으로 끌어올리는 데 일조한 인물이다. 그는 토머스 뉴커먼의 선구적인 작업에 이어 증기 기관을 개선하고 공장에 동력을 제공할 수 있는 기계를 개발했다.

1736년 1월 19일 제임스 와트는 스코틀랜드 서부 해안에 위치한 그리녹에서 태어났다. 어렸을 때부터 건강이 좋지 않았던 그는 집에서 교육을 받아야 했다. 어린 제임스는 성공한 조선공이자 선주인 아버지의 작업장에서 시간을 보냈다. 그는 나무나 금속으로 선박모형을 만들거나 아버지를 도왔다. 1755년 어머니가 세상을 떠나고 아버지도 몸이 쇠약해지자 와트는 런던으로 이사하여 존 모건 밑에서 과학 기기 제작자로 일했다. 여기에서 그는 고도의 정밀도가 필요한 도구인 건축용 자, 저울, 기압계를 제작했다.

신동이었던 와트는 1년 만에 스코틀랜드로 돌아와 공학 기술 사업을 시작했다. 한동안은 운하 개선 작업과 강의 수심을 깊게 만드는 공사를 했다. 글래스고대학교에서 정교한 천문 기기를 전문적으로 수리한 덕분에 퍼스대학에서 강연을 하기도 했다.

1764년 와트는 토머스 뉴커먼의 증기 기관 모델을 개선하는 임무를 맡았다. 뉴커먼의 설계는 낮은 열효율 때문에 필요 이상으로 많은 석탄이 필요했다. 또한, 피스톤을 밀어내기 위해서는 엔진 내부의 실린더를 끓는점까지 가열해 증기를 생

제임스 와트는 뉴커먼의 증기 기관 모델을 개선하기 위해 수개월 동안 고민했다.

증기 기관의 속도를 조절하는 회전 장치. 한계점에 도달하면 밸브가 개방되면서 증기가 방출된다.

성해야 했고, 피스톤을 뒤로 당기기 위해서는 실린더를 냉각시켜 증기를 진공 상태로 만들어야 했다. 이를 개선하기 위해 와트는 엔진 내부에 증기를 응축시키는 공간을 따로 설계해 엔진이 일정한 온도에서 작동할 수 있도록 했다. 그는 또 윤활제를 사용하여 엔진 작동 부품의 마찰을 줄였다.

와트는 8년 동안 측량사이자 토목기사로 일하면서 증기 기관 설계 모델에 자금을 지원하고 특허권을 샀다. 1769년 그는 '소방차의 증기 및 연료 소비를 줄이는 새로운 발명'이라는 이름으로 특허를 받았다.

그로부터 6년 후 와트는 투자자인 매튜 볼턴과 동업해 증기 기관을 제조했다. '볼턴 앤 와트' 회사는 '어디에서나 사용할 수 있는 디자인'을 내세우며 산업혁명을 주도했다. 25년 동안 두 사람은 회전식 증기 기관 286개를 포함, 총 451개의 증기 기관을 제작해 부를 쌓았다. 한때 전 세계에서 사용되는 약 1,500개의 증기 기관 중 3분의 1이 버밍엄에 있는 볼턴의 소호 공장에서 제작된 것이었다.

볼턴 앤 와트 회사가 개발한 초기의 회전식 증기 기관

제임스 와트가 발명한 태양과 행성 장치를 기반으로 만들어진 증기 기관 모델

　　최초의 증기 기관은 주로 광산과 운하에서 물을 퍼 올리는 데 사용되었다. 와트의 설계는 뉴커먼 증기 기관의 3분의 1도 안 되는 석탄만 있으면 될 정도로 연료 효율이 높을 뿐만 아니라, 더 깊은 곳에서도 물을 길어 올릴 수 있었다. 볼턴 앤 와트의 증기 기관은 코니시 주석 광산에서 특허나 인기가 많았다. 와트는 '마력'이라는 용어를 엔진의 작동 속도를 측정하는 데 사용하기 시작했다. 와트의 증기 기관 펌프는 약 말 56마리와 같은 속도로 작동할 수 있었다.

　　볼턴 앤 와트 회사는 증기 기관 설계에 대한 특허권을 철저하게 보호했다. 그와 유사한 디자인을 시도하는 다른 제조업체들은 값비싼 법적 소송을 치러야 했다. 와트의 디자인은 계속해서 성공을 거두었지만, 이러한 법적 조치 때문에 다른 공학자가 보다 개선된 증기 기관을 개발하는 데 장애가 되었다. 반대로 와트가 회전 막대를 탑재한 증기 기관을 출시하려고 할 때는 발명가 제임스 피카드의 특허를 피해가기 위해 신경 써야 했다.

와트의 증기 기관은 '태양과 행성'에 빗대어 설명되었다. 커다란 톱니 바퀴가 태양처럼 가운데 있고, 엔진 빔에 연결된 막대의 움직임에 의해 행성과 같은 작은 바퀴가 그 주위를 도는 구조였다. 엔진 운동으로 막대가 위아래로 움직였고, 그 힘은 행성 바퀴가 태양 바퀴 주위를 도는 동력이 되었다. 회전 막대의 개발로 볼턴 앤 와트 회사의 엔진은 상하 운동 이상의 것을 생산할 수 있었고 제지, 제철소, 제분소, 양조장, 직물 무역 등 여러 산업에 도움을 주었다. 와트는 계속해서 엔진의 설계를 보완했고, 실린더의 양쪽 끝에 증기를 유입시켜 기계의 효율성을 두 배로 높이는 더블 액션 엔진을 발명했다.

와트는 증기 기관으로 유명했지만, 최초의 복사기를 고안한 현대 복사기의 선구자이기도 하다. 이 독창적인 장치는 종이에 특수 잉크를 사용한 다음 물에 적신 종이를 누르는 방식이었다. 찍혀 나온 잉크는 방향이 정반대라 반대편에서 읽을 수 있었다.

와트는 에든버러 왕립학회의 회원으로 임명되었고, 19세기 초에 은퇴했다. 이후 그는 1819년 8월 25일 세상을 떠날 때까지 버밍엄 근처에 있는 자신의 집 작업실에서 엔진 설계도와 악기, 복제 장치 등을 계속해서 수정하는 작업을 했다. 이러한 연구 자료들은 나중에 런던과학박물관으로 이전되어 전시되었다. 공학계는 그가 이룬 업적을 기리기 위해 전기 및 기계 전력의 측정 단위를 그의 이름을 따서 '와트'라고 정했다.

"나는 이 기계 외에는 아무것도 생각할 수 없습니다."

제임스 와트, 린드 박사에게 보낸 편지, 1765년

제임스 와트가 1795년에 발명한 휴대용 복사기

토머스 텔퍼드

영국의 토목공학자 토머스 텔퍼드는 '도로의 거인'이라는 별명에
걸맞게 도로와 운하, 다리 등 기반 시설 제작에 탁월했던 인물이다.
그가 건설한 메나이 현수교는 당시 세계 최대 규모의 획기적인 공사였다.

가장 위대한 업적

몬트포드교
슈롭셔, 1792년

빌드워스교
슈롭셔, 1796년

폰트치실트 수도교
1805년

메나이 현수교
웨일스의 앵글시섬, 1826년

'**도**로의 거인'이라고 불리는 토머스 텔퍼드Thomas Telford는 토목
공학 기술로 스코틀랜드의 지도를 바꾼 인물이다. 그가 제작
한 영국 도로와 운하, 웅장한 다리는 초기 산업 시대에 절정을 이루었
다. 그가 이뤄낸 많은 것들이 여전히 사용되고 있다는 사실은 토머스
텔퍼드의 설계가 그만큼 훌륭하고 튼튼했다는 걸 보여준다.

토머스 텔퍼드는 1757년 8월 9일 스코틀랜드 덤프리셔의 농장에
서 태어났다. 양치기였던 아버지는 텔퍼드가 태어난 지 4개월 후 세상
을 떠나, 토머스는 어머니 밑에서 자랐다. 어려운 가정 형편에도 불구
하고 성격이 쾌활해서 동네 사람들은 그를 '즐거운 톰'이라는 별명으로
불렀다. 그는 14세 때부터 석공 수습생으로 일하기 시작했다. 이 시절
의 작업물 중에는 아버지를 위해 제작한 묘비도 있었다. 스코틀랜드
국경 근처인 에스크강 위를 지나는 다리에는 그가 수습생으로 일했던
흔적이 오늘날까지 남아 있다.

텔퍼드는 얼마간 에든버러에서 지내다가 런던으로 갔다. 거기에서
건축가 로버트 애덤과 윌리엄 챔버스의 지도하에 서머싯 하우스 증축
작업을 맡았다. 여기에서 쌓은 경력으로 텔퍼드는 포츠머스의 조선소
에서 건물을 설계하고 관리하는 책임을 맡았다.

1787년 텔퍼드는 영국의 슈롭셔에서 공공 사업 감독자가 되었고,
본격적으로 도시 건설 프로그램을 시작했다. 텔퍼드가 감독했던 건축
물들은 슈루즈버리성과 교도소, 군 의무실, 교회들이었고, 그중 슈루
즈버리의 채드 교회도 있었다. 텔퍼드는 이 건물이 곧 무너질 것 같다
고 꼭 집어서 말했다. 그로부터 정확히 3일 뒤 그 건물은 붕괴되었다.

텔퍼드는 교량 설계 분야에서 명성을 얻었다. 몬트포드의 세번강

1805년 개통된 폰트치실트 수도교는 2009년에 유네스코 세계문화유산으로 지정되었다.

위에 지어진 그의 첫 번째 건물은 슈롭셔에서 감독한 40개의 건물 중 첫 번째로 지은 것이다. 산업혁명의 상징물이기도 한 유명한 다리인 아이언 브리지에서 영감을 받은 텔퍼드는 1796년 빌드워스에 다리를 건설했는데, 너비는 9m이고 무게는 아이언 브리지의 절반이었다. 조심성이 많았던 텔퍼드는 사용 허가를 내리기 전에 반드시 재료 강도를 테스트했다.

1799년, 텔퍼드는 엘즈미어 운하와 웨일스 국경 근처에 있는 제철소와 탄광을 연결하는

웨일스와 앵글시섬을 잇는 메나이 현수교는 1826년 완공 당시 세계에서 가장 긴 다리였다.

프로젝트를 맡았다. 이 작업을 완료하는 데 6년이 걸렸다. 텔퍼드는 강과 계곡을 연결하는 운하를 만들기 위해 인상적인 수로들을 설계했다. 웨일스 디강에 있는 폰트치실트교도 그가 제작한 이 시대의 경이로운 건축물 중 하나다.

텔퍼드는 영국 전역에서 토목공학 설계 자문을 요청받고 리버풀의 수도 시설과 런던의 부두 개선에 대해 컨설팅을 해주었다. 스코틀랜드의 도로와 운하 기반 시설에 대한 그의 공헌은 타의 추종을 불허했다. 텔퍼드는 20년 동안 스코틀랜드의 산악 지방을 가로지르는 1,480km 길이의 도로와 약 1,200개의 새롭고 개선된 교량 건설을 주도했다. 그는 애버딘과 던디에 있

는 항구, 161km 길이의 칼레도니아 운하, 32개의 교회 건축 사업을 비롯한 여러 주요 항구의 개선 작업을 감독했고, 스코틀랜드 저지대를 가로지르는 296km 길이의 도로 건설 사업도 성공시켰다.

스웨덴 국왕은 텔퍼드의 전문성을 인정하여 스톡홀름과 예테보리 사이에 운하를 건설해 달라고 요청했다. 1809년 텔퍼드는 성공적으로 작업을 마치고 그 공로를 인정받아 스웨덴 왕실의 기사가 되었다. 그는 영국에서 도로 건설 작업을 계속하면서 런던과 웨일스 국경에 있는 홀리헤드를 연결하는 주요 간선 도로를 재건했다. 이 기간 동안 텔퍼드의 친구였던 시인 로버트 사우디는 텔퍼드에게 '도로의 거인'이라는 재미난 별명을 붙여주었다.

1819년 텔퍼드는 또 하나의 매우 인상적인 공사를 시작했다. 바로 북웨일스와 앵글시섬 사이인 메나이 해협에 세계에서 가장 긴 다리를 건설하는 것이다. 단단한 쇠막대로 만든 522m의 긴 쇠사슬 16개로 고정된 메나이 현수교Menai Suspension Bridge는 물을 가로지르며 180m로 뻗어 있다. 또한, 그 아래로 큰 선박이 지나갈 수 있을 정도로 간격이 높았다.

말년에 텔퍼드는 수많은 도로와 수로 개선 프로젝트를 맡았다. 그중 런던의 세인트 캐서린 부두와 스태퍼드셔에 있는 운하 터널, 위츠터블 항구, 버밍엄과 리버풀을 교차하는 운하 그리고 당시 다리로서는 가장 긴 구간을 자랑했던 골턴교를 건설했다. 이런 공로로 많은 사람들로부터 찬사를 받았고, 1834년 9월 2일 런던에서 사망할 때까지 토목협회의 초대 회장을 맡았다. 텔퍼드는 웨스트민스터 사원에 묻혔으며, 근처에는 그의 동상이 세워졌다. 1968년에는 텔퍼드의 공헌을 기념하여 슈롭셔에 그의 이름을 딴 신도시가 만들어졌다.

"그것의 경이로움은 거의 과거의 믿음 …
하늘에 있는 마법의 흐름."

L.T.C. 롤트, 텔포드의 폰트치실트 수도교에 대하여, 1805년

리처드 트레비식

'기관차의 아버지'라고 불리는 트레비식은 세계 최초의 증기 기관차를 설계한 인물이다. 그의 기술 덕분에 영국의 교통과 운송은 큰 발전을 이룰 수 있었고, 이후 철도 발전에도 공헌했다.

가장 위대한 업적

연기 내뿜는 악마
1801년 제작된 최초의 대형
증기 기관차

페니다렌 기관차
1804년

캐치 미 후 캔
1808년

세계 최초의 증기 기관차를 설계한 리처드 트레비식Richard Trevithick은 증기 동력과 철도 운송에 큰 영향을 주었지만 동료들로부터 재정적 보상과 명성을 얻지는 못했다.

1771년 4월 13일, 콘월 광산 지대의 심장부인 일로건에서 태어난 트레비식은 공부보다 스포츠에 더 관심이 있는 키 큰 소년으로 성장했다. 그의 아버지는 구리 광산에서 일하는 기술자였다. 아버지의 영향으로 트레비식은 광산 깊은 곳에서 물을 퍼 올리는 증기 기관 기술을 익혔다. 나이가 들자 학교를 그만두고 광산에 들어가 일했고 곧 관리자가 되었다.

코니시 광산에서 사용되는 증기 기관 대부분은 토머스 뉴커먼이 설계한 고정식 물 펌프 기계였다. 제임스 와트의 설계가 효율성이 높아 훨씬 인기 있었지만, '볼턴 앤 와트' 회사를 대리한 변호사들이 특허권을 철저히 관리했기 때문이었다. 1797년 트레비식은 '딩동'이라는 기이한 이름의 광산에서 일하며 고압 증기를 이용한 자신만의 증기 기관을 만들었다. 위험성이 높다는 이유로 제임스 와트가 채택하지 않은 기술이었지만, 볼턴 앤 와트의 변호사들은 트레비식이 그 기술을 사용하지 못하게 감시했다. 와트의 특허가 만료된 1800년이 되어서야 트레비식은 고압 증기 기술을 자유롭게 활용할 수 있었다.

뉴커먼이 증기 기관을 도입한 이후 수십 년 동안 보일러의 성능이 크게 개선되었다. 이제 트레비식과 같은 숙련된 공학자들은 보일러 폭발의 두려움 없이 고압 증기를 활용할 수 있었다. 이러한 발전 덕분에 와트가 개발했던 별도의 응축기 없이 설계가 가능했다. 처음 이 개념을 도입한 건 트레비식의 이웃이었던 공학자 윌리엄 머독이었지만, 실

복원한 페니다렌 증기 기관차

제로 성공을 거둔 사람은 트리비식이었다. 트리비식은 콘월 광산에서 사용할 수 있도록 효율성 높은 증기 기관 30개 모델을 제작했다. 이 고압 증기 기관은 이전 모델보다 가벼웠고, 굴뚝을 통해 엄청난 양의 증기를 안전하게 배출했다.

　트레비식은 자신의 증기 기관을 이동 수단에 적용할 가능성을 발견했다. 1801년 그는 6명의 승객을 태울 수 있는 객차를 연결한 증기 기관차를 만든다. 그리고 크리스마스 이브

트레비식의 네 번째 증기 기관차 캐치 미 후 캔은 1808년 공개되었다.

에 콘월의 캠본에서 이웃 마을인 비컨까지 직접 기관차를 운전해 대중 앞에서 시연을 보였
다. 이 기관차는 '연기 내뿜는 악마'라는 이름을 얻었다. 그러나 추가 시범 운행을 한 지 3일
후 내부에 있던 물이 모두 증발하는 바람에 기관차는 과열되어 불타버렸다.

트레비식은 1803년 런던 그리니치에 있던 그의 기관차가 폭발해 4명이 사망하면서 또한 번 좌절을 겪었다. 트레비식은 운전자의 실수로 인한 사고라고 주장했지만, 그의 경쟁자인 볼턴 앤 와트 회사는 고압 증기의 위험 때문이라며 자신들에게 유리한 기회로 삼았다. 트레비식은 그의 설계에 안전 메커니즘을 도입하기 위해 재빨리 움직였다.

증기 기관차의 역사적인 순간은 내기의 결과로 왔다. 트레비식에게 증기 기관을 의뢰한 페니다렌 제철소의 사무엘 홈프레이는 철공인 리처드 크로쉐이와의 내기에서 트레비식의 기관차가 약 16km 떨어진 부두까지 10톤의 철을 운반할 수 있다는 데 500기니를 걸었다. 1804년 2월 21일, 트레비식은 마차가 사용하는 철로 위를 지나갈 수 있는 증기 기관차를 설계해 홈프레이가 옳았음을 증명했고, 역사상 최초의 증기 기관차를 시연할 수 있었다.

4년 후 트레비식은 런던에서 '캐치 미 후 캔Catch Me Who Can'이라는 새로운 기관차를 공개했다. 이 기관차는 훗날 유스턴역이 될 곳에 놓인 원형 선로를 돌았다. 그러나 아쉽게도 선로가 부서지고 기관차는 전복되었다. 몇 차례의 시연에도 불구하고 트레비식은 투자자들에게 자신의 기술적 장점을 설득하는 데 어려움을 겪었다. 증기 기관차가 말을 대체하는 교통 수단으로 인식되기까지는 그 이후 17년이 더 걸렸다.

파산에 직면한 트레비식은 기관차를 포기하고 남미의 광산에서 사용할 엔진을 만드는 일에 복귀했다. 안데스산맥의 높은 고도에서 볼턴 앤 와트 회사의 증기 기관은 거의 무용지물이었지만, 트레비식의 고압 증기는 완벽하게 작동했다. 이러한 이유로 페루의 은 광산은 트레비식에게 엔진 9개를 요청했다. 1816년에 트레비식은 포경선을 타고 페루로 떠났지만, 그곳에 도착한 직후 전쟁이 일어나 기회는 무산되었다. 그러나 운 좋게도 트레비식은 콜롬비아 카르타헤나에서 영국 공학자이자 미래의 증기 기관차 제작자인 로버트 스티븐슨을 만나 그곳에서 은광 기술자로 일했다. 스티븐슨은 트레비식이 영국행 비행기표를 살 수 있도록 50파운드를 주기도 했다. 영국에 돌아온 후 트레비식은 콘월의 공학자로서 보일러 설계를 개선하며 일을 계속했지만, 재정적 보상은 거의 없었다.

1833년 4월 22일에 트레비식이 폐렴으로 사망할 당시, 그는 무일푼이었고 그를 돌봐줄 친구나 친척도 없었다. 그는 켄트주 다트퍼드에 묘비도 없이 묻혔지만, 증기 기관 기술과 기관차에 대한 그의 공헌은 잊히지 않을 것이다.

"나는 세상이 불가능이라 부르는 일을 시도하는 어리석음과 광기를 가졌다고 낙인이 찍힌 사람이었다." 프랜시스 트레비식, 리처드 트레비식의 삶, 1872년

조지 케일리

항공공학의 기본 원리를 확립한 공학자. 항공기 설계에 중요한 개념인 힘, 양력, 중력, 추력을 제시함으로써 이전의 도전 과제들을 극복한 '항공기의 아버지'라고 불린다.

가장 위대한 업적

케일리의 첫 번째 글라이더
1804년

회전팔 장치
1804년

〈니콜슨 저널〉에 발표한 논문들
1809~1810년

통제 가능한 낙하산
1853년

1783년 11월 21일, 몽골피에 형제의 열기구는 두 명의 승객을 태우고 파리 상공으로 올라갔다. 그 소식은 전 세계로 빠르게 퍼졌고, 마침내 비행의 비밀이 밝혀졌다. 초기 비행사들이 풍선으로 보여준 성과들은 대중들의 상상력을 사로잡았다. 한동안 하늘의 미래는 공기보다 가벼운 항공기의 세상이 될 것처럼 보였다.

몽골피에의 풍선 소식은 항공공학의 핵심 인물이 될 조지 케일리George Cayley라는 9세 영국 소년에게도 전해졌다. 그는 풍선이 아니라 공기보다 훨씬 무거운 항공기의 미래에 도움이 되고 싶었다. 몽골피에가 열기구를 띄운 지 70년이 지나 케일리가 노인이 되었을 때, 그는 자신의 최초 항공 기술과 연결시켜 사람을 태울 수 있는 최초의 글라이더를 발명했다.

조지 케일리는 1773년 영국 스카버러에서 남작의 아들로 태어났다. 그는 기숙학교를 마친 후 개인 교사에게 역학과 전기, 수학을 배우며 과학의 기초를 다졌다. 1792년 아버지가 사망하자 조지는 가문의 재산을 상속받고 남작이 되었다. 덕분에 그는 항공학을 포함한 다양한 연구를 진행할 수 있는 재력을 갖게 되었다.

케일리는 항공학의 창시자로 유명하지만 그의 재능은 훨씬 방대했다. 케일리는 토지 배수와 간척 사업 분야에서 국가적인 권위자였다. 또한, 자동으로 펼쳐지는 구명보트, 캐터필러 트랙터, 의수, 각종 엔진, 심지어는 글라이더 조종사를 위한

케일리의 글라이더인 통제 가능한 낙하산은 공기보다 무거운 최초의 항공기였다.

안전벨트도 그의 발명품이었다.

케일리는 항공공학의 기본 원리를 확립했다. 그는 공기보다 무거운 비행기를 날리기 위해 항공기 설계자가 싸워야 하는 네 가지 힘(양력, 중력, 추력, 항력)을 확인했다. 그런 다음 항공기 설계의 과제를 '공기 저항에 힘을 가하여 주어진 무게를 지탱하는 표면을 만드는 것'으로 간결하게 요약했다. 케일리에게 이론과 실천은 말 그대로 동전의 양면이었다. 1799년, 그는 동전의 한쪽 면에는 고정 날개 항공기 설계도가 들어간 은색 원반을 새겼고 다른 면에는 양력과 항력의 도표를 새겼다.

케일리는 펄럭이는 날개를 사용해 양력을 생성한다는 일반적인 생각에서 탈피했다. 위대한 르네상스 사상가인 레오나르도 다빈치조차도 새를 비행의 모델로 보았다. 그러나 케일리의 고정 날개 설계는 양력 전용 날개 구조에서 항공기의 추진 장치를 분리하고, 양력을 생성하기 위해 조종사의 근력에만 의존하는 방식이었다. 비록 실제로 작동되지는 않았지만 이론적인 기초는 타당했다. 케일리의 항공기에는 적절한 발전 엔진이 없었을 뿐이었다. 이는 그의 뒤를 이을 항공공학자들이 극복해야 할 문제였다.

실행 가능한 엔진이 없던 케일리는 항공 역학을 탐구하기 위해 각종 실험과 수학 지식을 동원해 글라이더를 만드는 데 집중했다. 그는 날개의 모양과 각도를 테스트하기 위해 공기 저항을 측정하는 데 사용되는 회전팔 장치를 만들었다. 정비사인 토머스 비키의 도움으로 그는 수많은 글라이더를 만들어 시험했다. 케일리의 첫 번째 글라이더는 연을 개조한 모습이었지만, 이후 버전에는 날개와 꼬리, 조정석도 있어서 일반적인 항공기와 눈에 띄게 비슷해졌다. 1809년과 1810년에 케일리는 수십 년간의 작업을 통해 수집한 지식을 〈니콜슨 저널 Nicholson's Journal〉에 논문으로 실었다. 이것은 많은 항공공학자들에게 귀중한 자료가 되었다.

1853년, 80세의 케일리는 '통제 가능한 낙하산'이라고 불리는 마지막 글라이더를 제작했다. 시험 비행을 위해 글라이

몽골피에 형제의 열기구

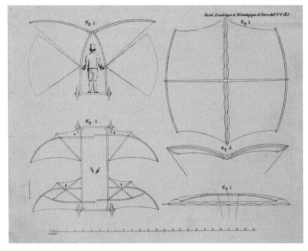

케일리가 고안한 인간 동력 비행 장치

더는 인근 브롬프턴 데일로 운송되었다. 케일리는 비행하기에는 너무 늙었기 때문에 그의 마부가 대신 조종을 맡았다. 마부는 공기보다 무거운 항공기를 처음으로 탄 사람이라는 기록을 세웠지만, 불안정한 착륙을 경험한 그는 즉시 조종 일을 그만두었다. 현대에 이르러 모형 글라이더가 비행에 성공했고, 이로써 항공공학의 이정표가 된 케일리의 '통제 가능한 낙하산'의 내공이 입증되었다.

"약 100년 전, 영국인 조지 케일리는 이전에는 한 번도 도달한 적이 없었고, 지난 세기 동안에도 거의 도달하지 못했던 지점까지 날아가는 비행의 과학을 이루었습니다."

항공의 개척자이자 세계 최초의 유인 동력 비행기 조종사 윌버 라이트, 1909년

조지 & 로버트 스티븐슨

조지와 로버트 부자는 19세기 영국 전역에 철도와 교량을 건설해 증기 운송의 시대를 연 혁신적인 인물들이다. 이들이 세운 업적은 오늘날에도 여전히 확인할 수 있다.

가장 위대한 업적

스톡턴-달링턴 구간 철도
1825년

기관차
1825년

로켓
1829년

리버풀-맨체스터 구간 철도
1830년

체스터-홀리헤드 구간 철도
1848년

하이레벨교
뉴캐슬, 1849년

브리타니아교
앵글시섬, 1850년

'철도의 아버지'로 유명한 조지 스티븐 슨George Stephenson은 1781년 6월 9일 영국 노섬벌랜드의 와일럼에서 태어났다. 젊을 때부터 광산에서 일했던 그는 돈을 더 벌기 위해 신발과 시계를 수리하기도 했다. 1802년 농부의 딸 프랜시스와 결혼하고 1년 후 아들 로버트를 낳았으나 아내는 출산한 지 3년 만에 결핵으로 세상을 떠났다.

1811년 조지는 미국 킬링워스에 위치한 광산에서 물 펌프 엔진의 성능을 개선한 능력을 인정받아 광산의 모든 엔진의 유지 관리를 책임지는 엔진 기술자로 고용되었다. 기술자로 일하면서 그는 가스가 누출되었을 때 폭발하지 않는 광부용 안전 램프를 고안했다. 또한, 바퀴의 마찰을 이용하여 레일을 따라 이동할 수 있는 기관차 '블뤼허 Blücher'를 설계했다.

조지는 스톡턴과 달링턴의 탄광 사이를 연결하는 40km 길이의 철도 건설 프로젝트에서 증기 기관차로 석탄과 승객을 운송

END VIEW

하는 방안을 제안했다. 1821년 조지는 그의 아들 로버트와 회사를 설립해 철도 경로를 조사하고 기관차를 제작했다. 1825년 9월 27일, 스톡턴-달링턴 구간 철도의 개통식에서 조지는 80톤의 석탄과 밀가루를 실은 기관차를 직접 운전했다. 당시 조지가 채택한 선로의 폭은 전 세계 철도의 표준이 되었다.

1년 후 조지는 리버풀과 맨체스터를 연결하는 50km 길이의 철도 건설을 주도했다. 이는 영국의 주요 도시를 연결하는 거대한 토목 프로젝트였다. 그 경로에는 위험한 습지가 있었는데, 이곳을 안전하게 건너가기 위해 나무와 판자로 선로를 지탱해 문제를 해결했다. 철도가 제작되는 동안, 선로에서 운행될 기관차를 선정하는 공모가 진행되었다. 출품 조건은 중량이 6톤 미만이고 평균 시속이 16km인 기관차였다. 이 공모전에서 로버트가 아버지의

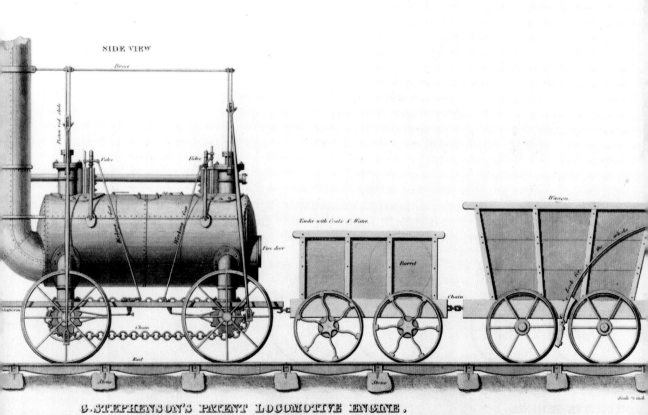

스톡턴-달링턴 구간 철도의 증기 기관차

로버트 스티븐슨은 아버지의 발자취를 따라 철도공학자가 되었다.

1829년, 리버풀과 맨체스터 구간 철도를 달릴 기관차를 뽑는 공모전에서 로버트 스티븐슨의 디자인이 당선되었다.
그는 상금 500파운드와 엔진 생산 계약을 약속받았다.

도움을 받아 설계한 '로켓'이라는 기관차가 선정되었다. 리버풀-맨체스터 구간 철도를 완성하기까지 총 4년이 걸렸다. 그런데 개통식에 참석한 사람이 선로를 건너던 중 기관차에 치여 사망하는 사건이 발생했다. 이때부터 조지는 선로 확장을 강하게 주장했다.

조지와 로버트는 영국 레스터셔 지역에 다섯 개의 신규 철도 노선을 건설했다. 이때가 바로 빅토리아 시대에 철도 확장이 절정을 이룬 시기였다. 조지의 설계를 배우기 위해 미국 철도 건설업자들이 영국으로 건너오기도 했다. 그 후 조지 스티븐슨의 기관차가 북미로 수출되었다.

조지는 1847년 은퇴하여 기계공학협회의 초대 회장으로 임명되었다. 그로부터 1년 후인 1848년 8월 12일, 영국 체스터필드에서 생을 마감했다.

아버지 조지의 업적만큼이나 아들 로버트도 획기적인 교량과 철도를 설계한 것으로 알려졌다. 로버트는 자신의 프로젝트 중 하나인 뉴캐슬-베릭 구간 철도를 제작하면서 하이레벨교를 포함해 무려 110개의 다리를 건설했다.

로버트는 체스터-홀리헤드 철도 구간 중 북웨일스와 앵글시섬 사이에 메나이 해협을 가로지르는 철도 교량 설계 업무를 맡았다. 그런데 체스터 근처에서 철도 교량이 무너지는 사고가 발생해 5명이 사망했다. 로버트는 교량을 더 견고하게 만들기 위해 늘 신경을 곤두세웠다. 동료 공학자들과 실험을 거듭한 끝에 그는 단단한 쇠로 된 직사각형 관을 사용하여 기차가 안전하게 지나갈 수 있는 교량을 성공적으로 건설했다. '브리타니아교'라는 이름으로 개통된 이 다리는 120년 동안 사용되었다. 로버트의 혁명적인 공학 기술은 캐나다와 이집트까지 뻗어나갔다.

로버트 스티븐슨은 1829년에 결혼했지만 아이는 없었다. 아내는 39세라는 이른 나이에 세상을 떠났고, 로버트 역시 평생 건강이 좋지 않았다. 요양을 위해 1859년에 요트 여행을 떠나지만, 건강이 더 나빠져 도중에 돌아와야 했다. 1859년 10월 12일, 그는 런던의 자택에서 생을 마감했다. 웨스트민스터 사원으로 가는 그의 장례 행렬을 많은 사람들이 지켜보았다.

조지와 로버트 부자는 공학 분야에 거대한 유산을 남겼다. 이들이 만든 다리와 선로 대부분은 오늘날에도 여전히 건재하다.

"증기 운송의 가능성은 완전히 실현되었다."
토마스 사우스클리프 애쉬튼, 조지 스티븐슨의
리버풀-맨체스터 철도, 1948년

로버트 스티븐슨이 건설한 하이레벨교는 도로와 철도 운송이 모두 가능한 세계 최초의 다리로 보수 공사를 마친 후 여전히 사용되고 있다.

마이클 패러데이

마이클 패러데이는 전자기 유도를 처음 발견한 영국의 화학자이자 물리학자다. 당시 실용 가능성이 무궁무진해 보였던 전기를 전자와 접목해 현대 전기공학에 크게 이바지했다.

가장 위대한 업적

전자기 회전
1821년

**왕립학회에서의
연간 크리스마스 강연**
1825년 시작

전자기 유도 법칙 발견
1831년

패러데이 디스크
최초의 전기 모터, 1831년

등대 전등
1858년

마이클 패러데이Michael Faraday의 실험은 전기 모터의 발명과 현대 전기공학의 발전으로 이어졌다. 그가 진행했던 연례 강의는 후대의 과학자와 공학자에게 영감을 주었다.

1791년 9월 22일, 마이클 패러데이가 태어난 때는 전기가 상용화되지 않은 시기였다. 패러데이는 런던의 뉴잉턴 버트에서 4남매 중 셋째로 태어나 대장장이였던 아버지의 손에서 자랐다. 14세에 그는 런던 블룸스버리 지역에서 조지 리바우가 운영하던 제본소에서 일했다. 그는 손에 닿는 책이라면 무엇이든 읽었는데, 특히 흥미가 끌렸던 분야는 과학책이었다. 리바우의 배려로 패러데이는 서점의 뒷방을 자신의 실험실로 사용할 수 있었다.

제본소 고객의 초청으로 패러데이는 왕립학회에서 개최하는 강연에 참석했다. 그곳에서 웃음 가스라 불리는 아산화질소의 특성을 발견한 화학자 험프리 데이비의 강의를 들었다. 패러데이는 그의 조수가 되겠다는 마음으로 데이비의 강의 내용을 기록하고 책으로 엮었다. 1년 후인 1813년, 데이비는 패러데이를 기억하고 그를 유럽 대륙 여행에 초대했다. 두 사람은 앙드레마리 앙페르, 알레산드로 볼타와 같은 유

패러데이는 쇠고리에 감긴 두 개의 와이어 중 하나에 전류를 보내면 쇠고리에서 자기장이 유도되어 또 다른 와이어에도 전류가 흐른다는 전자기 유도 현상을 발견했다.

명한 과학자들의 실험실을 방문했다.

1820년, 덴마크의 과학자 한스 크리스티안 외르스테드는 나침반의 바늘이 전류와 접촉하면 움직인다는 사실을 발견한다. 이 현상은 '전자기학'이라고 불리며 과학계의 새로운 관심거리가 되었다. 1821년 9월 4일 페러데이는 데이비와 함께한 실험에서 수은에 담근 와이어에 전류를 흐르게 하면 와이어가 자석 주위를 회전한다는 사실을 확인했다. 이를 통해 전기와 자기를 사용하면 연속 운동을 생성할 수 있다는 전기 모터의 개념을 알아냈다.

패러데이는 왕립학회에서 매년 크리스마스 강연을 개최했다.

그러나 패러데이가 발견한 이론에 대해 데이비는 그 공로를 인정하지 않았다. 데이비는 조수였던 패러데이에게 아무런 의미가 없는 과학 기기용 렌즈 연구를 6년 동안 시켰다. 이후 패러데이가 그의 주요 업적인 '전자기 유도 법칙'을 발견하는데 또 다른 10년이 걸렸다. 패러데이는 자기장의 움직임으로 전류를 생성할 수 있다는 사실을 증명했으며 이를 '힘의 선'이라고 설명했다. 패러데이의 실험은 변압기와 발전기의 발명으로 이어졌다.

패러데이는 등대 기술에도 큰 공헌을 했다. 그는 일정 속도로 회전하는 조명을 고안해 선원들이 자신의 위치를 측정할 수 있도록 했다. 또한, 등대에 전등을 도입해 자신이 발명한 발전기의 유용성을 증명했다.

패러데이는 스승인 데이비의 뒤를 이어 왕립학회에 정기적으로 강의를 나갔다. 관리자로 승진한 패러데이는 1825년에 어린이들을 위한 연례 크리스마스 강연을 기획했고, 19개의 강의를 진행했다. 가장 유명한 강의는 '양초의 과학'으로, 양초를 이용해 다양한 과학 현상을 설명하는 내용이었다. 강연을 기록한 내용은 책으로 출간되었으며, 왕립학회가 진행하는 재미있는 과학 강연은 오늘날까지 계속되고 있다.

60대가 되면서 패러데이는 반복되는 두통과 현기증, 기억 상실 등으로 글을 쓰기가 어려워졌다. 말년에는 빅토리아 여왕이 제공한 저택에서 지내다가 1867년 8월 25일에 세상을 떠났다. 패러데이는 전기 생산이라는 혁명을 일으킨 인물이다. 그의 발견은 전기라는 현대 기술 시대의 동력을 공급함으로써 세상을 바꾸었다.

"실험은 자연의 법칙과의 일관성을 시험하기에 가장 좋은 방법이다."

마이클 패러데이, 1849년

가장 위대한 업적

이점바드 킹덤 브루넬

이점바드 브루넬은 교량 건설과 선박 제작 분야에 커다란 업적을 남긴 빅토리아 시대의 공학자다. 그는 실패해도 다시 도전하는 추진력과 결단력으로 혁신을 이끌었다.

이점바드 킹덤 브루넬Isambard Kingdom Brunel은 천재성, 추진력, 결단력으로 세계를 현대로 이끈 혁신가이자 빅토리아 시대의 가장 뛰어난 공학자다. 그는 새로운 접근 방식으로 교량, 터널, 부두, 육교, 철도 및 증기선 제작에 끊임없이 활력을 불어넣었다. 그중에서도 브루넬은 철도 분야에서 가장 뛰어난 역량을 펼쳤다. 19세기에 철도가 가져온 변화는 오늘날 인터넷의 영향과 견줄 만큼 컸다.

이점바드 킹덤 브루넬은 1806년 4월 9일 영국 포츠머스에서 공학자이자 발명가인 프랑스 이민자 마크 브루넬의 막내아들로 태어났다. 그는 어릴 때부터 공학 분야의 전문가가 되기 위한 교육을 받으며 많은 경험을 쌓았다. 교육을 중시했던 아버지의 영향으로 브루넬은 당시 가장 높은 수준의 수학을 배울 수 있는 프랑스 학교에 입학했다. 학업을 마친 후 최고의 시계 제작자 밑에서 짧은 수습생 기간을 거친 브루넬은 1822년 영국으로 돌아와 일을 시작했다.

20세가 된 브루넬은 런던 템스강에 터널을 건설하는 프로젝트에서 담당자인 아버지를 도와 함께 일했다. 브루넬의 아버지는 강바닥을 뚫고 터널을 만들 때 작업장이 침수되지 않도록 터널 보호판을 발명했다. 그러나 보호판을 설치했음에도 터널은 두 번이나 침수돼 6명의 인부가 물에 빠져 사망했

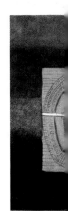

다. 그중 브루넬만이 유일한 생존자였다. 그는 아버지 대신 템스 터널의 프로젝트를 맡았고, 1843년 당시 세계 최초의 수중 터널을 완성했다.

템스 터널 사고로 휴식을 취하는 동안 브루넬은 영국의 에이번 협곡을 가로지르는 클리프턴 현수교 건설 대회에 참가했다. 심사위원이었던 경쟁자 토머스 텔퍼드(76쪽 참조)의 반대표에도 불구하고 브루넬의 설계가 선정되었다. 현수교는 재정 부족으로 브루넬이 사망하기 전까지 완공되지 못했다. 그러나 브루넬은 자신이 독자적으로 설계한 첫 프로젝트를 통해 재능을 입증했고, 그 이후 여러 부두를 재건했다.

브루넬은 1833년에 그레이트웨스턴 철도 건설의 수석 공학자로 임명되면서 경력을 쌓기 시작했다. 세계에서 가장 야심 찬 철도 건설 프로젝트를 맡았을 때 그의 나이는 27세에 불과했다. 브루넬에게는 마차가 이동식 집이자 사무실이었다. 그는 마차 안에서 잠을 자면서 현장을 다니고 철도의 경로를 직접 조사했다.

브루넬은 가능한 한 철도의 경사가 완만해질 수 있도록 신경 썼고, 수없이 많은 교량과

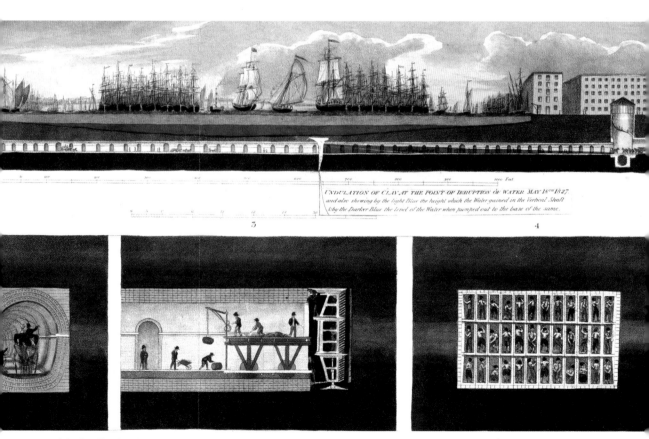

경이로운 공학 기술로 손꼽히는 템스 터널은 런던의 주요 관광지였다. 터널이 개통되었을 때 약 5만 명의 사람들이 이곳을 통과했다.

터널을 건설했다. 이렇게 건설한 구조물 중 평평한 아치 모양으로 된 메이든헤드교와 당시 가장 긴 터널이었던 박스 터널은 획기적인 공학 작품으로 평가되었다. 박스 터널의 길이는 3km 정도로 이전에 건설된 어떤 터널보다 길었다. 5년 동안 1,500명의 노동자가 2교대로 밤낮없이 촛불을 켜고 작업한 끝에 공사가 완료되었다. 브루넬의 정확한 계산 덕분에 터널 양쪽 끝에서 동시에 공사를 시작했는데도 단단한 암석을 통과한 두 개의 터널이 거의 완벽하게 연결되었다.

브루넬이 건설한 철도에서 논란이 된 부분은 그가 선로에 적용한 넓은 선로 간격이었다. 그는 선로를 2m가 조금 넘는 간격으로 설정했는데, 이는 과거 조지 스티븐슨이 이미 구축

브루넬은 영국, 아일랜드, 이탈리아, 벵골 동부 지역에 그레이트웨스턴 철도를 포함한 1,900km 이상의 선로를 건설했다.

브루넬은 그레이트웨스턴 철도 프로젝트에서 독특한 관 모양의 로열앨버트교를 건설했다.

한 선로의 폭보다 넓어 열차가 달릴 때 승차감이 한결 부드러웠다. 영국 철도의 표준이 될 선로 간격을 두고 벌어진 브루넬과 스티븐슨의 경쟁은 '게이지 전쟁'이라고 불렸다. 결과적으로 브루넬의 선로 간격이 표준으로 채택되지는 않았지만, 그레이트웨스턴 철도를 건설한 그의 업적은 대단한 성취였다. 이는 브루넬의 결단력과 근면함을 보여주는 증거이기도 했다. 철도 제작과 관련해서 브루넬은 기술 외에도 정치·사회 문제를 해결해야 했다. 그는 고속철도의 안전성을 걱정하는 사람들을 안심시키고 마차와 운하 회사와 같은 기득권층의 반대를 극복해야 했다. 또한, 철도가 자신의 토지를 가로질러 운행되는 것을 원하지 않는 지주들도 설득해야 했다.

영국 서부의 철도 산업을 장악한 브루넬은 다음 사업 아이템으로 선박을 선택해, 증기선으로 대서양을 가로질러 영역을 확장하려고 했다. 그의 아이디어는 영국 런던에서 GWR

열차를 타고 미국 뉴욕으로 여행할 수 있도록 하는 것이었다. 그는 이 통합 운송 네트워크를 염두에 두고 역사상 가장 혁명적인 선박 그레이트웨스턴호를 만들었다. 거대한 외륜 증기선인 그레이트웨스턴호는 1838년에 발표된 세계에서 가장 큰 여객선이었다. 1843년에는 나선형 프로펠러로 움직이는 세계 최초의 철제 선박 그레이트브리튼호가 뒤를 이었다.

1858년 브루넬은 약 4,000명의 승객을 호주까지 한 번에 태울 수 있는 그레이트이스턴호를 제작해 자신이 세웠던 '세계에서 가장 큰 여객선'의 기록을 뛰어넘었다. 그러나 치솟는 개발 비용과 기술의 한계로 선박은 잠재력을 발휘하지 못했다. 그는 그레이트이스턴호의 첫 항해 직후 뇌졸중으로 쓰러져 열흘 후인 1859년 9월 15일에 53세의 나이로 세상을 떠났다.

철도 기반 시설에서부터 선박에 이르기까지, 브루넬의 야심차고 거대한 프로젝트는 사람들을 놀라게 했다. 이런 그에게도 실패는 있었다. 1847년에 개통한 브루넬의 실험용 증기 철도는 기술적 결함으로 1년 만에 폐기되었다. 또 그가 설립한 증기선 회사는 파산될 위험에 처하기도 했다. 그러나 최첨단 분야에서 일하는 공학자에게 위험은 언제나 존재하기 마련이다. 기술 혁명을 주도해 공학을 발전시킨 브루넬은 오늘날 증기 시대를 대표하는 공학자로 평가된다.

"그가 만든 작품의 장점은 큰 규모였고,
그가 지닌 단점은 참신함을 추구하는 태도였다."
토목기술자협회 회의록의 부고 기사, 1860년

브루넬의 그레이트이스턴호는 훗날 세계 최초의 대서양 횡단 통신 케이블 설치에 활용되었다.

가장 위대한 업적

브루클린교
뉴욕, 1883년

존, 워싱턴 &
에밀리 로블링

뉴욕 맨해튼과 브루클린을 잇는 브루클린교는 세계 최초로
강철 와이어가 사용된 현수교로 유명하다. 세기의 관심을 받은
이 다리를 성공적으로 만든 사람들이 바로 로블링 가족이다.

1883년 5월 24일, 미국 대통령과 뉴욕 주지사가 참여한 브루클
린교 개통식의 막이 올랐다. 현대공학의 경이로움을 보려고
모여든 수천 명의 인파로 개통 24시간 만에 약 25만 명의 사람들이 브
루클린교를 건넜다. 오늘날에도 10만 대 이상의 자동차와 수천 명의
시민들이 매일같이 사용하는 이 랜드마크는 한 세기 이상이 흘렀지만
여전히 굳건하다.

존 로블링John Augustus Roebling은 브루클린교를 설계한 토목공학
자다. 독일 프로이센에서 태어난 그는 베를린에서 건축공학과 교량 건

브루클린교

설을 공부한 후 미국으로 이주했다. 한동안 농부의 삶을 살던 그는 다시 측량과 토목으로 돌아왔다. 존은 운하 보트를 운반하도록 설계된 철도에서 일하면서, 이때까지 사용하던 대마가 아닌 내구성이 좋은 금속 와이어로 된 로프를 다리 건설에 사용하는 게 좋겠다고 생각했다. 그는 아이디어를 곧바로 실행에 옮겼고, 금속 와이어 로프를 사용해 교량과 수로를 설계했다. 성공적으로 현수교를 건설한 이후 존은 브루클린교 프로젝트의 수석 공학자가 되었다.

존은 사장교와 현수교의 요소를 결합한 선구적인 하이브리드 설계를 제안했다. 존은 강철 와이어를 사용한 세계 최초의 현수교가 될 브루클린교의 모습을 상상했다. 와이어의 강도 덕분에 대규모 건설이 가능했다. 그러나 존은 갑작스러운 사고로 자신이 꿈꾸던 다리가 건설되는 것을 살아서 보지 못 했다. 현장을 조사하고 들어오다가 여객선에 발이 짓눌리는 사고를 당해 파상풍에 걸렸고, 발병 후 3주 만에 세상을 떠났다. 조

워싱턴 로블링

수로 일하던 그의 아들 워싱턴 로블링Washington Roebling이 존에 이어 브루클린교의 수석 공학자로 임명되었다.

워싱턴 로블링도 아버지만큼 뛰어난 공학자였다. 뉴욕에서 공학을 공부한 그는 남북전쟁 동안 전쟁용 현수교를 건설했다. 에밀리와 결혼한 뒤 워싱턴은 아버지와 함께 여러 개의 대규모 현수교 프로젝트를 수행했다. 한동안 그는 유럽으로 건너가 물속에서 교량의 토대를 건설할 때 사용할 공기압력 케이슨을 연구하기도 했다.

1870년, 브루클린교 건설 작업이 본격적으로 시작되었다. 케이슨을 강바닥으로 내려보낸 뒤 인부들이 진흙을 뚫기 시작했다. 깊이 파 내려갈수록 압력은 더 높아졌다. 워싱턴을 비롯한 노동자들은 잠수병에 시달렸다. 건강이 급속도로 나빠진 그는 결국 집에 머물 수밖에 없었다. 대신 조수들과 보고서를 교환하며 수석 공학자로서의 역할을 수행했는데, 이때 보고서를 전달하는 역할을 했던 사람은 그의 아내 에밀리 로블링Emily Roebling이었다. 작업 보고서를 가지고 집과 건설 현장을 계속 오가던 그녀는 어느새 교량 건설에도 깊이 관여했다.

건설 작업의 틀이 어느 정도 잡히자 워싱턴은 진행 상황을 빨리 파악하기 위해 현장과 가까운 곳으로 이사했다. 화강암과 석회암으로 된 85m 높이의 현수탑 두 개가 강 너머 수평선을 지배하기 위해 느리지만 꾸준히 건설되었다. 4개의 두꺼운 강철 케이블로 두 현수탑과 육지를 연결한 다음 강철 와이어를 내려뜨려 차가 지나갈 수 있는 갑판을 매달았다. 13년 이상의 고된 작업 끝에 드디어 다리가 완성되었다.

1883년에 브루클린교 개통식이 열린 날, 에밀리 로블링은 승리의 상징인 수탉을 들고 브루클린교를 건너는 최초의 마차에 올랐다. 로블링 가족은 이스트강을 가로지르는 다리 건설의 꿈을 마침내 실현했다. 길이가 1,825m에 달하는 브루클린교는 당시 가장 긴 현수교로, 세계 8대 불가사의로 선정돼 찬사를 받았다.

"다리 건설에 일생을 바친 아버지 존 로블링과
아들 워싱턴 로블링, 그리고 믿음과 용기로
부상당한 남편의 건설 작업에 도움을 준
에밀리 로블링을 추모하며…"
브루클린 브리지에 새겨진 명판, 1931년

에밀리 로블링

1972년 미국토목학회는 브루클린교를 뉴욕의 랜드마크로 지정했다.

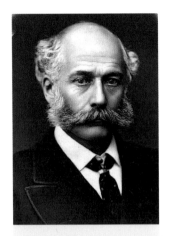

조셉 바잘게트

조셉 바잘게트는 19세기 영국의 오래된 하수도 시스템을 새롭게 구축해 콜레라의 확산을 막은 위대한 인물이다. 그의 공헌 덕분에 시민들은 깨끗한 물을 사용할 수 있었다.

가장 위대한 업적

뎃퍼드 펌프장
1864년

런던 하수도 시스템
1865년

앨버트 제방
1869년

빅토리아 제방
1870년

앨버트교
1884년

퍼트니교
1886년

해머스미스교
1887년

배터시교
1890년

19세기 초, 조셉 바잘게트Joseph Bazalgette는 런던의 하수도를 대대적으로 재건해 콜레라의 확산을 방지했다.

1819년 3월 28일 조셉 바잘게트는 런던 북부에 위치한 엔필드에서 프랑스계 부모 사이에서 태어났다. 1835년부터 북아일랜드에서 공학 경력을 시작했다는 점을 제외하고는 그의 어린 시절에 대해 알려진 바는 거의 없다. 바잘게트는 아일랜드 토목 기사인 존 맥닐 밑에서 토지 배수 작업을 도왔다. 7년 후 바잘게트는 런던 웨스트민스터의 철도공학자가 되지만 과로와 극심한 스트레스로 건강이 나빠져 일을 그만두었다.

19세기 전반 런던의 인구가 급격히 증가하자 오래된 하수도 시스템에 과부하가 왔다. 오염된 하수는 정화되지 않은 채 템스강으로 흘러 들어갔고, 결국 수천 명의 목숨을 앗아간 콜레라가 발병했다. 유아 사망률은 20%로 증가했으며 기대 수명은 30세 미만으로 떨어졌다. 1848년에서 1849년 사이에 창궐한 콜레라로 14,000명 이상의 런던 시민이 사망했다. 1858년, 템스강에서 발생한 '대악취' 문제까지 더해져 영국 정부는 골머리를 앓았다. 그

바잘게트가 계획한 저수지 시스템은 폐수가 탱크에 저장되었다가 썰물 때 템스강으로 방출되는 방식이다.

런던 동부에 있는 바잘게트의 펌프장. 경이로운 외관으로 하수도의 대성당이라고 불린다.

당시 런던 수도 이사회의 수석 공학자였던 바잘게트는 하수도 개선에 필요한 막대한 자금을 지원받았다.

바잘게트의 계획은 새로운 지하 시스템을 건설해 도시의 폐수가 템스강 하구, 도심에서 멀리 떨어진 에리스 습지로 흘러가게 하는 것이었다. 이 시스템 건설을 위해서 3억 2천만 개의 벽돌을 사용한 4개의 새로운 펌프장, 즉 2,100km의 하수도와 131km의 차단 하수도가 동서로 연결되어야 했다. 에리스 습지에 도착한 하수는 탱크에 저장되었다가 썰물 때에 맞춰 템스강으로 방출되는 방식이었다. 1865년에 공식적으로 발표된 이 시스템은 완성되기까지 약 10년이 걸렸다. 그 당시만 해도 사람들은 콜레라가 공기를 통해 전파된다고 생각해, 쓰레기를 땅 밑에 파묻으면 오염된 공기가 전염병을 일으키는 것을 막

빅토리아 제방

을 수 있다고 생각했다. 그러나 더 이상의 콜레라 발병을 막는 방법은 오염된 물을 피하는 것이었다.

바잘게트는 런던의 인구가 계속 증가할 것으로 생각해서 하수관의 직경을 두 배로 확장하는 계획을 세웠다. 그의 판단은 적중했고, 바잘게트가 고안한 하수 시스템은 100년 이상 동안 문제없이 작동할 수 있었다. 더 나아가 바잘게트는 하수도가 런던의 거리 아래로 지나지 않도록 경로를 재구성했다. 또한, 강의 흐름을 제한하기 위해 템스강 양쪽 토지를 매립하여 세 개의 제방을 만들었다. 웨스트민스터 근처에 생긴 빅토리아 제방으로 지하철과 지하철도가 통합되면서 교통은 훨씬 원활해졌다. 21헥타르의 추가 토지도 얻을 수 있었다. 그는 템스강을 가로지르는 3개의 다리 설계와 약 3,000개의 거리 계획을 감독했다. 도시의 토목과 복지에 바잘게트만큼 많은 공을 세운 공학자는 드물었다.

바잘게트는 업적을 인정받아 1874년 영국 왕실로부터 기사 작위를 받았다. 이어 토머스 텔퍼드(76쪽 참조)와 조지 스티븐슨(88쪽 참조)의 발자취를 따라 1884년에 토목공학 연구회의 회장이 되었다. 1891년 3월 15일, 그가 세상을 떠날 때에는 런던 시민들에게 더 이상 콜레라가 두려움의 대상이 아니었다.

"그는 강을 쇠사슬로 엮은 인물이다."
런던 바잘게트 기념관, 1901년

빅토리아 제방에 조성된 공원

니콜라우스 오토

독일의 공학자인 니콜라우스 오토는 세계 최초로 4행정 엔진을 개발하여 내연 기관의 혁명을 불러일으킨 인물이다. 그의 공헌 덕분에 오늘날의 현대적인 자동차 엔진이 탄생할 수 있었다.

가장 위대한 업적

최초의 휘발유 엔진
1861년

최초의 4행정 엔진 실험
1862년

최초의 엔진 공장 설립
1864년

파리 박람회에서 금메달 수상
1867년

오토 엔진
1876년

니콜라우스 아우구스트 오토Nikolaus August Otto는 기술 교육을 받지 못 했지만 액체 연료로 작동하는 내연 기관을 성공적으로 설계한 인물이다. 그가 설계한 엔진은 당시 산업의 실세였던 증기 기관을 대체하며 수만 대의 판매 실적을 올렸다.

오토는 1832년 6월 10일 독일의 홀츠하우젠에서 태어났다. 우체국장이었던 그의 아버지는 오토가 태어난 지 몇 달 만에 세상을 떠났다. 어머니의 보살핌으로 그는 학교에서 좋은 성적을 거두며 기술 교육을 받았다. 하지만 독일 경제가 어려워지자 상인의 길로 나섰다.

학교를 졸업한 후 퀼른으로 건너간 그는 독일 서부 상점에 수입품을 판매하는 영업 사원으로 일하다가 엔진에 관심이 생겼다. 국경을 넘어 프랑스에서는 공학자 에티엔 르누아르가 내연 기관을 최초로 개발했다. 르누아르의 내연 기관은 증기 기관과 유사했지만, 증기 대신 가스의 폭발적인 점화로 동력을 받아 작동하는 방식이었다. 그러나 열 방출량이 크고 비용도 많이 들어 그다지 실용적이지 않았다. 이를 개

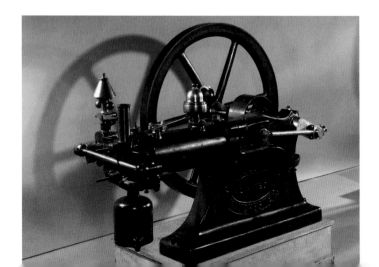

니콜라우스 오토가 최초로 개발한 4행정 엔진

선하기 위해 오토는 액체 연료를 활용했고, 1861년 액체 연료로 작동하는 내연 기관인 휘발유 엔진을 최초로 제작했다. 1864년, 제조업체 오이겐 랑겐과 동업을 맺은 그는 3년 후 파리에서 개최된 박람회에서 자신의 최종 디자인인 '오토 랑겐 엔진'을 선보였다. 오토는 효율성이 뛰어난 엔진으로 심사위원에게 깊은 인상을 남기며 금메달을 수상했다.

그 후 오토 랑겐 엔진에 대한 엄청난 수요가 빗발쳤고, 생산량을 늘리기 위해 오토는 함부르크의 사업가 루드비히 어거스트와 손을 잡았다. 그러나 여전히 수요를 따라잡을 수 없자 랑겐의 형제를 포함한 추가 투자자들을 설득해 새로운 회사인 도이치 AG를 설립했다. 랑겐이 회사에 새로 고용한 직원 중에는 훗날 세계 최초의

오토의 내연 기관 제작 100주년을 기념하여 발행된 독일 우표

4륜 자동차를 개발한 고틀리프 다임러와 빌헬름 마이바흐도 있었다. 엔진의 4행정(흡입-압축-폭발-배기)을 통합한 오토의 '4행정 엔진'으로 도이치 AG는 세계 최고의 엔진 제조업체로 도약했다. 4행정 엔진은 1862년에 이미 프랑스 공학자인 알퐁스 보 드 로샤가 특허받은 개념이었지만, 이를 최초로 제작한 사람은 오토였다. 4행정 엔진에서 연소 사이클은 피스톤의 4행정을 걸쳐 발생했다. 피스톤이 위로 움직이면 공기와 연료의 혼합물이 흡입되고 다음에는 압축되었다. 그 이후 점화 단계를 거치고 마지막에는 피스톤이 배기가스를 밀어냈다. '오토 엔진'이라고도 불린 4행정 엔진은 10년 동안 3만 대 이상 팔렸다.

오토는 앞선 보 드 로샤의 특허로 인해 자신의 특허가 유지되기 어렵다는 것을 알았다. 더욱이 1889년까지 50개 이상의 회사가 4행정 엔진을 자체적으로 제조하고 있었다. 오토의 엔진은 증기 기관보다 가벼웠고 엔진을 가동하는데 필요한 인력도 적었다. 그러나 오토를 포함한 공학자들은 엔진 대부분을 공장에만 설치할 뿐 운송 수단과 접목할 생각을 하지 않았다. 그러다 1889년, 7년 전 도이치 AG를 떠난 다임러와 마이바흐가 4행정 엔진을 마차에 장착하면서 세계 최초의 4륜 자동차를 제조했다.

오토는 1891년 1월 26일 쾰른에서 생을 마감했다. 엔진 시장에서 벌인 치열한 경쟁에도 불구하고 오토는 많은 부를 쌓으며 자동차 산업을 주도한 발명품을 남겼다.

"그의 발자취를 통해 기술과 독창성이 인내와 에너지로 완벽하게 결합되었음을 알 수 있다."
니콜라우스 오토의 부고 기사, 1891년

윌리엄 레 바론 제니

바론 제니는 화재로 재가 된 시카고를 재건해 도시에 생기를
불어넣은 인물이다. 건축 재료로 강철을 택한 그의 선구안 덕분에
오늘날의 초고층 빌딩이 탄생할 수 있었다.

가장 위대한 업적

퍼스트 라이터 빌딩
시카고, 1878년

홈 인슈어런스 빌딩
시카고, 1885년

맨해튼 빌딩
시카고, 1891년

공학자이자 건축가인 윌리엄 레 바론 제니William Le Baron Jenney
는 건축 재료를 선별하고 건물을 설계하는데 탁월한 능력이 있
었다. 그는 세계 최초의 초고층 빌딩을 건설해 시카고의 스카이라인을
더 높이 끌어올렸다.

제니는 1832년 9월 25일 미국 매사추세츠주의 작은 마을에서 태어
났다. 그의 아버지는 포경선의 소유자로 사업에서 큰 성공을 거두었
다. 가족의 부 덕분에 제니는 앤도버에 있는 필립스아카데미에서 공부
하며 좋은 교육을 받을 수 있었다. 10대 때인 1849년, 그는 캘리포니
아 금광 개발에 참여하기 위해 서부 해안 도시로 이사했다. 그로부터
1년 후 샌프란시스코에서 대형 화재가 발생했다. 그곳에서 제니는 재
가 된 목조 건물들이 벽돌로 재건되는 광경을 목격하고 건축과 토목에
매료되었다. 이후 필리핀과 남아프리카를 여행하면서 건축에 대한 열
정이 더욱 불타올랐다. 특히 열대 폭풍을 견딜 수 있는 가볍고 유연한
대나무 골조의 토착 건물들을 보며 감탄했다.

1851년에 제니는 공학 분야에서 경력을 쌓기 시작했다. 하버드대학
교의 교육 과정이 만족스럽지 않았던 그는 뛰어난 공학자들의 본고장
인 프랑스로 가 파리의 국립기술공예고등학교에 입학했다. 그곳에서
영향력 있는 구조 설계가인 장 니콜라 루이 뒤랑의 작품을 공부하며
철을 사용한 최신 건축 방법을 익혔다. 그는 동급생인 구스타브 에펠
보다 1년 늦게 졸업했다(117쪽 참조).

학업을 마친 제니는 멕시코 철도 회사에서 공학자로 일하다가 프랑
스 군대를 위한 기계식 빵집을 설계하는 등 해외에서 여러 경험을 쌓

시카고에 세워진 홈인슈어런스 빌딩

THE CHICAGO BUILDING OF THE HOME INSURANCE CO.

OF NEW YORK

았다. 1861년, 미국에서 남북전쟁이 발발하자 율리시스 그랜트 장군이 지휘하는 공병에 입대했다. 북군에서 6년을 복무하는 동안 최고 기술자로 승진한 그는 요새를 설계해 그가 평생을 자랑스럽게 여긴 소령 직위를 얻었다.

1868년 전쟁이 끝난 후 제니는 결혼을 하고 시카고로 이사해 건축 사무소를 열었다. 2년후 그는 시카고 공원 시스템을 설계하는 계약을 따냈다. 이 프로젝트에는 새로운 공원 3개와 넓은 길, 잔디밭, 그리고 인공 폭포가 포함되었는데, 이를 통해 도시에 생기를 불어넣었다.

1871년, 과거 샌프란시스코처럼 시카고에서도 큰 화재가 발생해 미국에서 네 번째로 큰 도시의 9㎢가 재로 변해버렸다. 이 때문에 제니의 회사에 재건을 요청하는 사람들이 많아졌고, 그는 곧 혁신적인 건물 설계로 명성을 얻게 되었다. 1878년, 제니는 나무와 벽돌 대신 철 기둥을 사용해서 퍼스트 라이터 빌딩First Leiter Building을 건설했다. 제니의 건축 방식은 더 가벼운 재료를 사용해 벽체에 부담을 줄였기 때문에 더 많은 창문을 낼 수 있었고, 층수도 더 높이

맨해튼 빌딩

116

올릴 수 있었다. 퍼스트 라이터 빌딩이 획기적인 건물로 평가받았던 또 하나의 이유는 엘리샤 그레이브스 오티스의 최신 발명품인 엘리베이터를 설치해 층간 이동을 가능케 한 것이었다.

1885년에 문을 연 제니의 홈 인슈어런스 빌딩Home Insurance Building은 내화성이 좋은 강철로 건설한 미국 최초의 건물이자 고층 빌딩 건설의 토대를 마련한 작업이었다. 오늘날의 기준으로는 그다지 높지 않지만, 그 당시 11층 높이의 홈 인슈어런스 빌딩은 최초의 고층 건물이었다. 제니의 사업은 성공할 수밖에 없었다. 그는 1891년에 완공된 미국 최초의 16층 상업용 건물인 맨해튼 빌딩을 건설할 때도 강철을 사용했다.

제니는 남북전쟁을 기리는 전쟁기념관 건설 작업을 끝마치지 못한 채 건강상의 이유로 73세에 은퇴했다. 그리고 1907년 6월 15일, 캘리포니아 로스앤젤레스에서 생을 마감했다. 제니가 남긴 유산은 그에게 영감을 받은 여러 건축 디자이너들의 작업물과 함께 시카고를 포함한 북미 지역에 여전히 남아있다.

"마천루의 진정한 아버지"   제니의 홈 인슈어런스 빌딩에 대한 위원회의 보고서, 1931년

우뚝 솟은 에펠탑과 천재 건축가 구스타브 에펠

파리 국립기술공예고등학교에서 유명했던 또 다른 학생은 구스타브 에펠(Gustave Eiffel)(1832-1923)이다. 에펠은 1886년 프랑스가 미국에 선물한 자유의 여신상의 골격을 설계했다. 이후 1889년에 프랑스혁명 100주년을 기념하여 디자인한 에펠탑으로 명성을 얻었다. 초기에는 현지인들의 반감도 있었지만, 오늘날 에펠탑은 파리에서 가장 유명한 상징이 되었다.

에펠탑 건설은 약 2년이 걸렸다. 계획상 에펠탑은 지어진 지 20년 정도가 지나면 철거될 예정이었으나 높은 인기 덕분에 한 세기를 넘어 지금까지도 그 자리를 유지하고 있다.

고틀리프 다임러

고틀리프 다임러는 내연 기관과 자동차 개발의 선구자로
평가받는다. 마이바흐와 함께 4행정 엔진을 차량에 적용해
오늘날의 자동차를 있게 했다. 메르세데스 벤츠의 시초가
바로 그가 설립한 자동차 회사다.

가장 위대한 업적

내연 기관
1883년

라이트바겐
1885년

4행정 엔진
1889년

메르세데스
1900년

고틀리프 다임러Gottlieb Daimler는 동업자 빌헬름 마이바
흐와 함께 세계 최초의 4륜 구동 휘발유 차량의 설계
및 제작을 주도한 인물이다. 오늘날 우리가 알고 있는 메르세
데스 벤츠는 다임러의 자동차 회사에 뿌리를 두고 있다.

1834년 3월 17일, 독일 쇼른도르프에서 태어난 고틀리프
다임러는 아버지의 뒤를 이어 성공적인 제빵사가 될 수 있었
다. 그러나 기계공학에 관심이 더 많았던 그는 공학자의 길을
선택했다. 다임러는 4년간 총기 제작 수습생으로 훈련을 받다
가 14세에 슈투트가르트 산업예술고등학교에 진학했다. 그는
일요일에도 보충수업에 빠지지 않는 성실한 학생이었다. 그
는 지도교사의 도움으로 철도 기관차 생산 작업에 참여했다.
하지만 이러한 경험을 통해 다임러는 증기 기관의 시대가 끝
나가고 있음을 실감했다.

이후 다임러는 영국으로 가서 위트나사로 유명한 조지프
휘트워스 경의 정밀기계 공장에서 일했다. 1863년에 독일로
돌아와 브루더하우스 호이트링겐 공장에서 검사관으로 근무
했는데, 이때 고아였던 10대 소년 공학자 빌헬름 마이바흐를
만났다. 1872년에 다임러는 니콜라우스 오토의 4행정 엔진 제
조업체인 도이치 공장의 기술 책임자가 되었다(112쪽 참조).
마이바흐는 수석 디자이너로서 그와 함께했다. 다임러는 휴가
도 반납하면서 10년을 열심히 근무했다. 그러나 엔진 설계 문
제로 회사 경영진과 의견이 엇갈렸다. 다임러는 경량 4행정

라이트바겐

엔진을 차량에 적용하자고 주장했지만 받아들여지지 않았다.

1882년에 다임러와 마이바흐는 자신들의 사업을 시작하기 위해 도이치를 그만두었다. 그들은 다임러의 집 뒤뜰에 있는 온실을 개조해 작업장을 만들고 엔진 개발에 몰두했다. 두 사람은 연소가 가장 잘 되도록 휘발유와 공기를 최적의 비율로 혼합해주는 기화기를 개발해 엔진에 장착했다. 엔진 개발 과정에서 작업장의 소음 때문에 이웃들이 불만이었다. 한 번은 이웃 사람이 위조범들 같다고 신고하는 바람에 작업장에 경찰이 들이닥치기도 했다.

1885년 다임러와 마이바흐는 첫 번째로 제작한 차량인 라이트바겐Reitwagen의 출시 준비를 마쳤다. 라이트바겐은 내연 기관을 탑재할 수 있게 개조한 나무 자전거였다. 다임러는 그 엔진이 진자 시계 모양과 닮았다고 생각해서 '할아버지 시계'라는 별명을 붙였다. 라이트바겐 테스트 주행에서 마이바흐는 3km의 거리를 시속 12km로 운전했다.

한편, 다임러와 마이바흐의 작업장에서 불과 100km 떨어진 만하임에서는 칼 벤츠라는 또 다른 공학자가 자동차를 만들고 있었다. 벤츠가 제작한 '모토바겐'은 휘발유 차량의 가능성을 보여준 모델이었다. 이 사실을 알게 된 다임러는 곧바로 칼 벤츠의 4인승 마차를 주문해서 그 안에 자기들의 엔진과 핸들을 설치하는 작업에 착수했다. 그들의 '할아버지 시계' 엔진이 벨트 시스템을 통해 마차의 뒷바퀴를 돌렸다. 이로써 최고 시속 16km로 구동하는 세계 최초의 4륜 휘발유 차량이 탄생했다. 다임러와 마이바흐는 전차, 비행선, 보트를 포함한 다른 운송 수단에도 엔진을 장착해 테스트를 진행했다. 여기서 성공하자 각종 차량의 엔진, 특히 보트용 엔진 주문이 엄청나게 늘어났다. 그들은 칸슈타트 외곽에 공장을 세운 뒤 계속해서 도로 교통 수단을 개발했다. 1889년, 다임러와 마이바흐는 자동차라기보다 세발자전거에 가까운 2인승 자동차 '제트 휠 카트'를 출시했다.

수요가 증가하자 다임러와 마이바흐는 1890년에 다임러 모토 게젤샤프트Daimler Motoren Gesellschaft, DMG를 설립했고, 2년 만에 첫 자동차를 판매했다. 그러나 얼마 후 다임러는 심장에 무리가 와 휴식을 취해야 했다. 휴식을 마치고 업무에 복귀한 다임러는 DMG 이사회

자신이 제작한 세계 최초의 4륜 자동차에 탄 고틀리프 다임러와 그의 아들

와의 경영권 분쟁에 휘말렸다. 지배력을 확보하기에 충분한 주식을 갖지 못했던 그는 결국 자신의 주식과 특허를 매각하고 자리에서 물러나야 했다. 언제나 충성스러운 마이바르도 그를 따랐다.

DMG를 떠난 이들은 프랑스에서 열린 최초의 자동차 경주에 마이바흐의 스프레이 노즐 기화기가 달린 4기통 엔진을 장착한 자동차를 가지고 참가했다. 파리에서 루앙까지 달리는 경주에서 DMG의 모든 자동차를 제치고 이들이 승리하자 다시 DMG로 돌아오라는 엄청난 제안을 받았다. 1895년, 다임러와 마이바흐는 DMG에서 1,000번째 엔진을 제작했다. 이 엔진은 영국, 프랑스, 미국에서 모두 특허를 받았다. 휘발유 엔진으로 구동되는 자동차는 큰 성공을 거두었고, 자동차의 등장은 좋든 나쁘든 세상을 영원히 바꾸었다.

1900년 3월 6일에 다임러가 심장병으로 세상을 떠나고 한 달 후, 부유한 사업가이자 자동차 중개상의 딸 메르세데스의 이름을 딴 다임러의 신규 자동차 모델이 완성되었다. 20세기 초, DMG와 경쟁사 벤츠 간의 경쟁은 치열했다. 1926년 국가 경제가 흔들리자 독일의 두 자동차 제조업체는 '메르세데스 벤츠'로 합병했다.

"최고가 아니면 만들지 않는다."

고틀리프 다임러의 좌우명

칼 벤츠

자동차공학의 선구자인 칼 벤츠(Karl Benz)는 세계에서 가장 큰 자동차 회사를 설립한 인물이다. 그는 특허를 낼 수 있는 2행정 휘발유 엔진 개발에 집중했다. 점화 플러그, 스로틀 시스템, 배터리 구동식 점화장치, 변속기, 기화기, 물 냉각장치, 클러치 등 자동차 운전자들에게 익숙한 여러 기계 부품들은 대부분 그가 발명한 것들이다. 1885년에는 3륜 차량에 4행정 휘발유 엔진을 장착하는 데 성공했는데, 이것이 세계 최초의 상용 자동차였다. 6년 후 벤츠는 내연 기관이 장착된 최초의 트럭을 설계했다. 20세기 말까지 그는 430명의 직원을 보유한 당시 세계에서 가장 큰 자동차

벤츠가 제작한 자동차 '벨로'에 탑승한 벤츠와 그의 아내 버사

회사를 운영하며 엔진 사업을 번창시켰다. 이후 대량 생산을 위해 더 저렴한 자동차를 설계한 결과 2kW 엔진에 최고 속도 19km/h(12mph)인 2인승 자동차 '벨로'가 탄생했다.

토머스 에디슨

전구로 세상을 밝게 빛낸 토머스 에디슨은 미국인이
사랑하는 대표적인 위인이다. '발명 공장'이라는 별명에
걸맞게 천 개가 넘는 특허를 받을 정도로 뛰어난 재능을
가진 발명가였다.

가장 위대한 업적

투표 기록기
1869년

주식 시세 표시기
1871년

발명 공장
뉴저지 멘로 파크, 1876년

탄소 송신기
1877년

축음기를 통해 최초의 음성 녹음
1877년
동요 'Mary Had Little Lamb'

백열등
1879년

전등
뉴욕의 거리, 1882년

비타스코프
1896년

배터리 전원
1901년

뉴욕시를 환하게 만들어준 다작 발명왕 토머스 에디슨 Thomas Edison은 소리와 조명, 영상 분야에서 획기적인 발전을 이루며 평생 1,093개의 특허를 냈다.

에디슨은 1847년 2월 11일, 미국 오하이오주 밀라노에서 7남매 중 막내로 태어났다. 지나치게 활달한 성격 탓에 학교생활에 잘 적응하지 못하자 그의 어머니가 집에서 가르치기로 했다.

에디슨은 일찍부터 사업가적 재능을 보여주었고, 화학과 역학에도 관심이 많았다. 10대 초반, 그는 디트로이트까지 가는 '그랜드 트렁크 헤럴드' 철도에서 일하며 승객들에게 과자와 신문을 판매했다. 에디슨은 기차 짐칸에 인쇄기를 설치해 〈그랜드 트렁크 헤럴드Grand Trunk Herald〉라는 신문을 제작했고, 그곳을 화학연구실로 사용했다. 그러나 불이 나는 바람에 에디슨의 실험실은 폐쇄되었다. 에디슨은 12살 때 앓은 성홍열의 후유증으로 청력을 거의 잃었다. 하지만 그에게 장애가 문제되지 않았다. 실제로 말년에 에디슨은 자신이 산만하지 않고 일에 집중할 수 있었던 것은 좋지 않은 청력 덕분이었다고 말했다.

1862년 에디슨은 선로에서 화물 열차에 치일 뻔한 세 살짜리 아이를 구했다. 아이의 아버지는 감사의 표시로 철도에서 사용하는 통신 수단인 전신 기술에 대해 알려주었다. 몇 달 후 에디슨은 미국 여러 도시에서 전신 교환원으로 일했다. 그

토머스 에디슨의 발명 공장

에디슨이 제작한 축음기

런데 인쇄된 모스 부호를 해석하는 대신 소리를 듣는 방식으로 전신이 바뀌자 에디슨의 청력이 문제가 되었다. 1868년, 아버지가 실직하고 어머니가 정신 질환을 앓는 가운데 에디슨은 보스턴 사무소에 취직했다. 이때도 그는 남는 시간에 발명품 개발을 멈추지 않았다.

1년 후 에디슨은 전기를 이용한 투표 기록기를 발명해 첫 번째 특허를 출원했다. 그러나 정치인들은 투표 속도를 높이는 장치를 반기지 않았다. 에디슨은 사람들이 원치 않는 발명품을 만드는 데 시간을 낭비하지 않겠다고 결심했다. 뉴욕으로 이사한 후 에디슨은 시시각각 변동하는 주식 시세를 보고하는 유선 인자식 전신기 '티커 테이프'를 발명해 첫 판매 실적을 올렸다. 이때부터 그는 전업 발명가로 나섰다.

1876년, 에디슨은 뉴저지 멘로 파크에 '발명 공장'이라는 이름의 대규모 연구 센터를 세웠다. 직원들이 자신만큼 끈기 있게 실험하기를 원했던 에디슨의 바람대로 새로운 특허가 빠른 속도로 축적되었다.

센터를 설립한 지 1년이 지나자 에디슨은 벨 전화기(128쪽 참조)의 통화량을 증가시킬 수 있도록 탄소 송신기를 개발했고, 이는 축음기의 발명으로 이어졌다. 축음기는 포일로 코팅된 실린더에 바늘로 새기는 방식으로 소리를 복제한 다음 진동판을 통해 재생하는 녹음 장치였다. 에디슨은 동요 'Mary Had Little Lamb'을 축음기에 시험했다. 그의 축음기는 참신한 발명품이었지만 녹음한 소리를 여러 번 재생할 수 없어 큰 성공을 거두지 못했다. 에디슨은 엔터테인먼트 분야에서 자신의 발명품이 잠재력을 발휘하려면 앞으로 10년은 더 걸릴 것으로 예상했다. 당시에 그는 이미 다른 사업 아이템으로 조명을 생각하고 있었다.

1881년 이스트 뉴어크에 새 공장을 세운 에디슨은 보다 유용한 전구를 보급하기 위해 무려 14개월 동안 전구를 분석했다. 탄화된 대나무로 필라멘트를 제작해 오래 유지되는 전기 광원을 개발한 그는 맨해튼의 금융가에 탄소 필라멘트 전구를 전시했다. 그 후 1년 만

에디슨이 제작한 초기 전구

에 10,000개 이상의 주문이 들어왔고, 수요를 맞추기 위해 에디슨은 수많은 회사를 설립했다. 또한, 미국 전역에 12개의 발전소를 건설하여 전기 에너지를 공급할 수 있게 했다. 그의 조명 사업은 전 세계를 순회하며 날개를 활짝 폈다.

당연히 에디슨에게도 경쟁자가 있었다. 조명 생산자 조지 웨스팅하우스는 교류를 사용하는 자신의 전기 시스템이 더 뛰어나다고 주장했다. 하지만 직류를 옹호한 에디슨은 교류가 치명적인 감전을 유발할 가능성이 크다며 그를 비판했다. 나중에 교류가 더 일반적으로 사용되면서 에디슨은 패자로 물러나야 했다.

에디슨의 경쟁자였던 발명가 치체스터 벨과 찰스 섬너 테인터는 왁스 실린더와 플로팅 바늘을 사용하여 에디슨이 발명한 축음기의 성능을 개선했다. 에디슨은 이들에게 동업 제안을 받았지만 혼자 힘으로 디자인을 개선하기로 마음먹는다. 그는 원래 축음기를 업무용 기록 장치로 판매하려 했었다. 그러나 1896년, 내셔널 포노그래프 회사를 설립한 뒤 축음기를 가정용 음악 플레이어로 홍보했다.

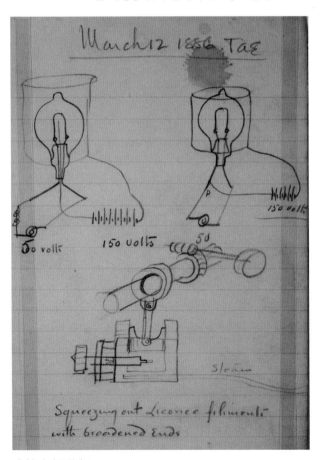

에디슨의 전구 설계도

에디슨이 가정용 축음기를 출시한 지 2년 후 '축음기가 귀를 위한 악기인 것처럼 눈을 위한 악기를 개발하고 있다.'라고 발표하며 영사기를 언급했다. 비슷한 시기에 에디슨의 동료인 윌리엄 딕슨은 셀룰로이드 스트립에 이미지를 기록하고 구멍을 통해 볼 수 있는 획기적인 방법을 발견했다. 이는 오늘날 영화의 기원이기도 하다.

의외로 에디슨은 영화에 영사기를 접목할 생각을 하지 못했다. 그 장치를 개발한 사람은 영화를 고안해낸 딕슨이었다. 여러 회사가 영사기 시장을 놓고 경쟁하기 시작했다. 심지어 에디슨도 자신이 만든 영사기인 '비타스코프Vitascope'를 시장에 내놓으며 따라잡으려 했다. 나중에 그는 소리와 영상을 일치시키는 영역까지 연구를 확장했다.

에디슨이 고안한 모든 프로젝트가 성공을 거둔 것은 아니다. 1899년, 시멘트가

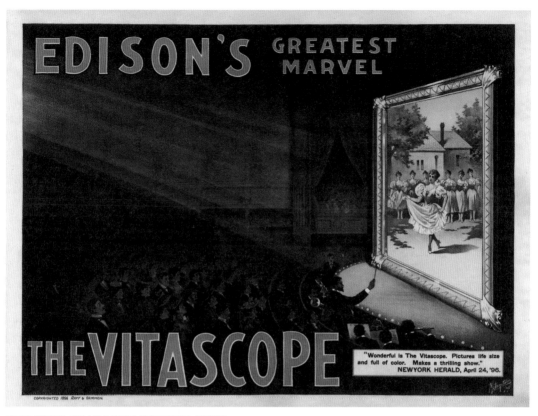

1896년 4월 23일, 에디슨은 뉴욕에서 최초로 영화를 상영했다.

저가 주택 건설에 사용할 이상적인 재료라고 확신한 그는 시멘트 회사를 설립했다. 그러나 결과는 좋지 않았다.

1911년 에디슨은 자신의 모든 회사를 '토머스 A 에디슨 기업'으로 통합했다. 4년 후 제1차 세계대전이 발발하자 그는 해군 자문 위원회의 위원장이 되었다. 에디슨은 방어 기술 중에서도 특히 잠수함 탐지를 강조하며 공격용 무기 개발을 거부했다.

1920년, 80대가 된 에디슨은 건강이 나빠졌다. 1931년 10월 14일, 그는 당뇨 합병증으로 혼수상태에 빠졌고 나흘 만에 세상을 떠났다. 그의 마지막 숨은 디트로이트의 헨리 포드 박물관의 시험관에 보관되었다. 그날 뉴욕에서는 세상에 빛을 가져다준 에디슨을 기리기 위해 가로등의 밝기를 낮춰 어둡게 만들었다.

"우리의 가장 큰 약점은 포기하는 것이다. 성공하는 가장 확실한 방법은 언제나 딱 한 번 더 시도하는 것이다."

토머스 에디슨

알렉산더 그레이엄 벨

알렉산더 그레이엄 벨은 진동을 전기 신호로 변환해 통신 장치를 발명한 전화기의 창시자다. 그는 멀리 떨어진 사람과 음성으로 소통할 수 있는 시대를 열며 통신 혁명을 가져왔다.

가장 위대한 업적

전화기
1876년

1876년 3월 7일, 스코틀랜드계 미국인 발명가 알렉산더 그레이엄 벨Alexander Graham Bell은 '음성 또는 소리를 전송할 수 있는' 전기 통신 장치를 개발해 특허를 받았다. 그의 발명은 세상을 영원히 바꾸었다. 벨은 세계 최초의 실용 전화기에 대한 특허로 엄청난 부를 쌓았고, 역사상 가장 유명한 공학자 중 하나로 이름을 남겼다.

그러나 특허와 관련해서 치열한 공방이 벌어졌다. 1876년 2월 14일 벨이 특허를 출원한 지 불과 몇 시간 후 또 다른 미국인 발명가 엘리샤 그레이가 자체 개발한 통신 장치를 특허청에 제출했다. 벨의 디자인과 유사하지만 독립적으로 개발한 장치였다. '특허'는 발명품이 복제되지 않도록 보호하고, 발명가가 자신의 작업으로 이익을 얻을 수 있도록 하는 것이다. 이렇게 엄청난 돈이 걸려 있는 상황에서, 누가 먼저 발명에 대한 권리를 소유해야 하는지에 대한 격렬한 법적 분쟁이 뒤따랐다. 결국 벨에게 유리한 방향으로 사건은 마무리되었지만, 이는 그가 앞으로 몇 년 동안 싸워야 할 수많은 특허 분쟁 중 하나에 불과했다. 지금까지도 역사학자들은 특허의 정당성을 두고 논쟁해왔지만, 최초의 전화기를 개발한 벨의 업적은 논쟁의 여지가 없다. 통신 분야에 공헌한 발명가들의 업적은 오늘날 널리 알려져 있다.

벨은 1847년 3월 3일 스코틀랜드 에든버러에서 태어났다. 음성 분류 시스템을 고안한 언어 전문가인 아버지의 영향으로 벨은 어려서부터 소리에 흥미를 보였다. 12세에 그는 이미 밀의 껍질을 벗기는 장치

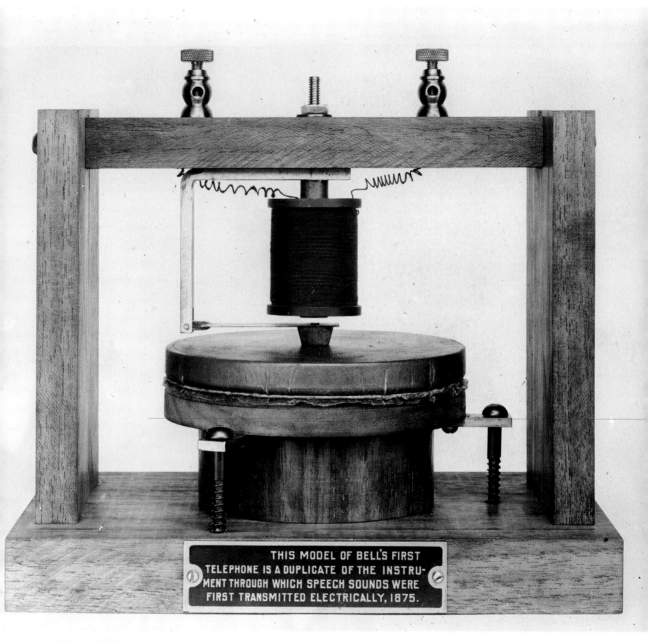

THIS MODEL OF BELL'S FIRST TELEPHONE IS A DUPLICATE OF THE INSTRUMENT THROUGH WHICH SPEECH SOUNDS WERE FIRST TRANSMITTED ELECTRICALLY, 1875.

벨의 초기 전화기 모델

를 개발한 발명가였다. 말하는 자동 장치에서 영감을 받은 벨은 간단한 소리를 흉내 내는 '말하는 머리'도 만들었다. 이후 벨은 청각 장애인을 가르치는 교사가 되었지만 발명을 향한 열정은 계속되었다. 그는 독일 물리학자 헤르만 폰 헬름홀츠의 지도를 받으며 전기를 소리로 바꾸는 실험을 계속했다. 폰 헬름홀츠는 전기 진동을 사용해 소리굽쇠를 진동시켜 전선을 따라 소리를 전달했다. 처음에 벨은 폰 헬름홀츠의 실험을 잘못 해석했는데, 그의 실수는 오히려 새로운 발견으로 이어졌다. 벨은 전기를 진동으로 바꾸는 것이 가능하다면 그 반대도 가능하다는 사실을 깨달았다. 또한 다양한 높낮이의 소리가 전선을 따라 전송될 수 있다면, 사람 목소리의 전체 영역을 재생하는 게 가능할 거라고 생각했다.

1870년에 벨의 가족은 캐나다로 이주했고, 벨은 학생들을 가르치기 위해 1871년에 미국 보스턴으로 갔다. 그는 전기와 소리에 대한 실험을 계속하면서 전신을 개선하는 데 관심을 돌렸다. 19세기 후반, 전신은 번개 같은 속도로 통신을 가능하게 했지만, 한 번에 하나의 메시지만 전선으로 보낼 수 있다는 한계가 있었다. 전신에 대한 수요를 따라잡으려면 더 많은 전선이 필요했지만 그 비용은 상당했다. 가장 이상적인 해결책은 하나의 전선을 통해 여러 개의 메시지를 보내는 것이었다. '멀티플렉싱'으로 알려진 이 방법은 벨을 비롯한 많은 발명가와 전기공학자의 목표였다. 이들은 모스 부호로 단일 진동을 전송하는 대신 서로 다른 음높이로 암호화된 여러 메시지를 전달하는 '조화 전신기'를 구축하기 시작했다. 그러나 벨은 단순히 전신을 개선하는 것보다는 인간의 말을 전달하는 문제에 관심이 더 많았다.

벨은 전기 기술자가 아니고 청각 장애인을 가르치는 교사였다. 그렇기 때문에 중요한 실험 단계에서는 전문 기술자인 토머스 A 왓슨과 협력했다. 왓슨은 전기 장치에 대한 모든 종류의 문제를 처리하며 벨의 아이디어를 시제품으로 구현할 수 있는 기술을 제공했다. 벨은 독특한 관점으로 현장에서 조사해야 할 다양한 사항들을 파악했다. 다른 매체 간의 메시지를 번역하는 작업은 시각적 기호와 도표를 행동과 음성으로 변환해 청각 장애인과 소통하는 그의 직업이 밑바탕이 되었다. 전화기를 만드는 작업에는 동일한 번역의 원리가 깔

시카고에서 뉴욕까지의 장거리 전화선 개통식에서 전화를 거는 벨, 1892년

려 있었다. 공기 중에 들리는 말소리의 진동을 전선의 파동 전류로 변환하는 작업이 점점 실현되어 가고 있었다. 벨은 방향을 제시했고 왓슨은 기술을 제공했다.

1870년대 초, 왓슨은 폰 헬름홀츠가 사용한 소리굽쇠 대신 공명 금속 스트립을 사용한 벨의 '고조파' 전신을 위해 여러 시제품 송신기와 수신기를 제작했다. 벨의 시험에는 죽은 사람의 귀에서 포착한 진동을 전기 신호로 바꾸는 것이 포함되었다. 하지만 벨의 후원자들은 실험은 나중으로 미루고 고조파 전신기를 완성해 빨리 특허를 내라고 압박했다. 1875년 6월 2일, 왓슨과 벨은 다시 고조파 전신기 연구에 돌입했다.

왓슨이 금속 공명기를 조정하는 순간 벨은 와

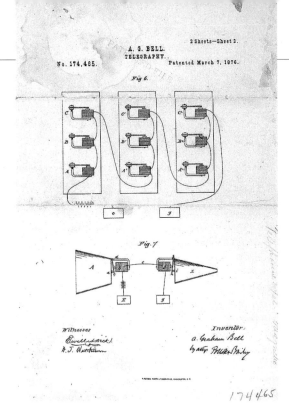

전화기 특허권을 두고 벌어진 엘리샤 그레이와 벨 간의 소송에서 벨이 승리를 차지했다.

안토니오 무치

몇몇 역사학자들은 이탈리아 태생의 미국 발명가 안토니오 무치Antonio Meucci가 1850년대에 전화기를 최초로 발명했다고 주장한다. 그러나 그들이 묘사하는 장치가 전화기라고 할 수 있는지는 아직까지 불확실하다.

요한 필리프 라이스

독일의 기술자 요한 필리프 라이스Johann Philipp Reiss는 벨의 전화기 발명보다 15년 앞선 1861년에 전기식 전화를 최초로 발명했다. 그러나 당시에 실용화되지 않았다.

엘리샤 그레이

엘리샤 그레이Elisha Gray는 벨과 비슷한 시기에 자체적으로 전화기를 개발했다. 벨과 그레이가 서로의 발명품에 대해 얼마나 알고 있었는지는 여전히 불분명하다.

이어를 따라 전달되는 실제 소리와 같은 스프링의 윙윙거리는 소리를 들었다. 퍼즐 조각이 맞춰지자 그들은 진동을 전기 신호로 변환하기 위해 송신기의 금속 스트립을 전선이 연결된 유연한 막으로 교체했다. 고조파 전신기는 점점 '전화기'가 되고 있었다. 1876년 3월 10일, 몇 달간의 실험 끝에 벨의 전화기는 첫 번째 음성 메시지를 성공적으로 전송했다. 산성 용액을 쏟은 벨이 왓슨에게 도움을 요청하는 내용이었다. 왓슨은 수화기 너머로 벨의 목소리를 들었다. "왓슨, 이리 좀 와줘요."

벨의 전화기는 토머스 에디슨을 비롯한 여러 공학자들에 의해 계속 개선되었지만 벨은 전화기의 창시자로서 영원히 기억될 것이다. 아울러 팩시밀리, 광선 전화기, 수중익 보트 등의 설계와 초기 항공기 및 초기 에어컨 장치 발명과 같은 벨의 수많은 공학 분야의 업적을 압도할 것이다.

"나는 그때 크게 외쳤다. '왓슨, 이리 좀 와줘요.' 그러자 왓슨이 내게 왔고, 내가 말한 것을 분명히 듣고 이해했다고 말했다."

알렉산더 그레이엄 벨의 노트에서, 1876년

블라디미르 슈호프

블라디미르 슈호프는 선구적인 발명품을 만들어내
'러시아의 에디슨'이라고 불린다. 열분해 공정과 더불어
러시아 최초의 송유관 제작까지, 공학 산업 전반에 걸친
그의 야망과 업적은 늘 놀라움을 제공했다.

가장 위대한 업적

러시아 제국 최초의 송유관
1878년

열분해 공정
1891년

8개의 전시관
1896년

세계 최초 쌍곡선 급수탑
1896년

코카서스 횡단 송유관
1906년

슈호프 타워
쌍곡선 라디오 타워
모스크바, 1922년

레닌상
1929년

러시아에서 유명한 블라디미르 슈호프Vladimir Shukhov는 수학을 적용하여 우아한 금속 틀을 설계한 뛰어난 구조 공학자였다.

블라디미르 슈호프는 1853년 8월 28일 러시아의 작은 마을 그레이보론에서 태어났다. 그의 아버지는 러시아 육군 장교로 복무하다가 슈호프가 태어날 무렵 지역 은행장으로 일했다. 슈호프는 상트페테르부르크 공립학교에 다닐 때 수학에 소질을 보였고 우수한 성적으로 졸업한 후 공학 분야에서 경력을 쌓기 시작했다.

그는 아버지의 권유로 모스크바기술학교에 입학해 물리학과 수학을 공부했다. 슈호프는 독서실과 작업실에서 주로 시간을 보내는 성실한 학생이었다. 그는 액체 연료의 연소 작용을 돕는 증기 주입기 디자인을 새롭게 고안했다. 학문적 성과를 인정받은 슈호프는 금메달 수상과 더불어 연구원이 될 기회를 얻었다. 그러나 연구원으로 일하기보다는 자신의 공학 지식을 실전에 적용하고 싶었다.

1876년, 슈호프는 세계 박람회 100주년 전시회에 참가하기 위해 미국 필라델피아로 향하는 대표단에 합류했다. 여기에서 그는 훗날 자신의 공학 경력에 큰 영향을 미칠 러시아계 미국인 기업가 알렉산더 바리를 만났다. 박람회에서 건물 건축과 장비 조달을 맡았던 바리는 러시아 대표단에게 피츠버그 금속 공장에서 진행되는 미국식 철도 건설 방법을 소개했다.

슈호프가 러시아 박람회를 위해 설계한 거대 전시관

모스크바에 세워진 슈호프 타워

　전시회에서 영감을 받은 슈호프는 러시아로 돌아와 바르샤바 비엔나 철도 회사에 취직했다. 여기서 역과 차고 설계하는 일을 도왔으나 이 일은 그에게 창의력을 발휘할 기회가 거의 없었다. 그는 철도 회사를 그만두고 군대 보건 아카데미에 들어갔다. 나중에 바리가 그에게 동업을 제안하지 않았다면 슈호프의 공학 경력은 이 시점에서 끝났을지 모른다.

　1877년은 러시아가 산업 분야에서 엄청난 발전을 이루던 시기였다. 이때 러시아로 이주해 석유 업계의 수석 공학자가 된 바리는 미국 필라델피아에서 만난 재능 있는 엔지니어를 기억하고 슈호프를 아제르바이잔 바쿠에 있는 회사의 사무실 운영을 맡아 달라고 제안했다. 3년 후 바리는 건설 회사와 보일러 제조 공장을 직접 차렸고, 젊은 슈호프를 수석 공학자 겸 디자이너로 고용했다. 이후 두 사람은 35년 동안 함께 일했다.

　슈호프는 러시아 제국 최초의 송유관을 설계했다. 발칸과 체르니고로드를 연결하는 12km 길이의 송유관이 1878년에 개통되었는데, 슈호프는 이를 더 연장해 5년 동안 총 94km에 달하는 송유관을 설계했다. 1906년에 그가 제작한 835km의 코카서스 횡단 송유관이 생기기 전까지 이 기록은 깨지지 않았다. 1891년에는 석유에 적용할 수 있는 새로운 열분해 공정을 개발해 특허를 받았다. 석유를 고온에서 가열해 탄화수소 분자를 단순한 형태로 만드는 이 열분해 공정으로 더 우수한 연료를 생산할 수 있었다. 슈호프의 설계는 증기 보일러와 유조선에 활용되며 러시아 전역으로 퍼져나갔다.

슈호프는 석유 산업뿐만 아니라 건축 분야에서도 활약했다. 그는 금속 기둥으로 격자 구조를 만드는 방식을 적용해 러시아에서 가장 독창적이고 놀라운 타워를 설계했다.

1896년은 슈호프에게 중요한 해였다. 러시아 니즈니노브고로드에서 국가의 가장 위대한 기술과 산업을 선보이는 박람회가 개최되었는데, 그가 전시관 설계를 맡았다. 슈호프는 얇은 지붕과 강철 격자 틀로 구성된 여덟 개의 거대한 전시관을 설계했다. 그중에서 32m 높이의 급수탑은 박람회의 하이라이트였고, 이는 훗날 제작될 급수탑의 시초가 되었다.

1913년 알렉산더 바리가 세상을 떠나고 1914년에 제1차 세계대전이 일어났다. 뒤이어 러시아 10월 혁명이 일어나 많은 기업가들이 러시아를 떠났지만 슈호프는 고국에 남아 재건을 도왔다. 그는 러시아 정부가 방송을 내보낼 수 있도록 모스크바에 라디오 타워를 건설하는 프로젝트를 맡았다. 그가 설계한 '슈호프 타워'는 350m 높이로 파리의 에펠탑보다 훨씬 높고 무게는 3분의 1수준으로 가벼웠다. 자원 부족으로 기존에 계획한 높이보다 낮은 152m로 건설되었지만, 6개의 쌍곡선 구조물을 대형 망원경 모양으로 감아올린 이 훌륭한 타워는 수년 동안 러시아에서 가장 높은 건물이었다.

슈호프는 러시아에서 약 200개의 타워와 500개의 다리 건설을 감독했다. 말년에는 별다른 활동 없이 지내다가 갑작스러운 화재로 심각한 화상을 입어 1939년 2월 2일 세상을 떠났다. 생전에 그는 레닌상을 수상했고, 사후 그의 이름을 딴 대학이 생겼다.

"아름다워 보이는 것은 강하다. 인간의 시야는 자연적인 비율을 아름답다고 여긴다.
 그러므로 자연에서 생존하는 모든 것은 강하고 가치 있다."

블라디미르 슈호프

슈호프가 설계한 기차역 천장

헤르타 에어튼

헤르타 에어튼은 남성이 지배하던 과학 분야에서 장벽을 넘어선 여성 공학자다. 그녀는 미래 세대의 여성들이 꿈을 펼칠 수 있는 길을 열었고, 업적을 인정받아 왕립학회로부터 휴즈 메달을 받았다.

가장 위대한 업적

혈압계
1877~1881년

선 분할기
1884년

전기공학자협회
최초의 여성 회원, 1899년

전기 아크 연구
책으로 출간, 1902년

특수 팬
제1차 세계대전에서 사용된 독가스 방지기
1917~1918년

영국의 공학자이자 발명가인 헤르타 에어튼Hertha Ayrton은 전기 아크와 기류 연구의 획기적인 발견으로 남성 중심이었던 과학계의 장벽을 허물었다. 그녀는 여성도 연구에 참여하고 발견한 것에 공로를 인정받을 수 있다는 걸 증명하며 여러 세대의 여성들에게 귀감이 되었다.

헤르타는 1854년 4월 28일 영국 포츠머스에서 태어났다. 그녀의 아버지는 유대인 시계공으로 반유대인 세력을 피해 폴란드에서 영국으로 건너왔다. 아버지는 헤르타가 겨우 7살이었을 때 세상을 떠났다. 헤르타는 어머니를 도와 동생들을 돌보다가 9살 때 런던으로 가서 이모들과 살았다. 학교를 운영하던 이모들 덕분에 헤르타는 교육을 받을 수 있었다. 그녀는 과학과 수학에 소질을 보였지만 가정교사가 되기 위해 프랑스어와 음악을 공부했다. 16살부터 가정교사로 일하며 어머니에게 생활비를 보냈다.

헤르타의 원래 이름은 사라였다. 그러나 친구들은 앨저넌 스윈번의 시에 등장하는 여주인공의 이름을 따서 그녀를 '헤르타'라고 불렀다. 헤르타가 공부에 재능이 있다는 걸 알았던 친구들은 그녀에게 이제 막 여학생의 입학을 허용한 케임브리지대학 입학시험에 응시해보라고 격려했다. 1877년, 헤르타는 케임브리지대학교 최초의 여성 대학인 거튼 칼리지에서 공부를 시작했다. 학생 시절, 그녀는 사람의 맥박을 재는 혈압계를 발명했다. 그녀의 또 다른 발명품 중에는 선을 동등하게 나누는 '선 분할기'가 있었는데, 이것은 건축가와 공학자에게 매우 유용한 도구였다.

1881년에 헤르타는 3급 수학 자격증을 받고 대학을 졸업했다(1948년까지 케임브리지대학은 여성들에게 학위를 수여하지 않았다). 1884년

그녀는 핀즈베리기술대학에서 전기공학 전문가인 윌리엄 에어튼 교수
가 진행하는 야간 수업을 들었다. 1년 뒤 두 사람은 결혼했고, 헤르타는
윌리엄의 네 살배기 딸 디디스와 자신이 낳은 딸 바바라의 육아를 담당
하며 남편의 연구를 도왔다. 조명 제작에 사용되는 전기 아크를 연구하
던 헤르타는 이때 중요한 발견을 했다. 전기 아크는 종종 쉿 소리를 내
며 깜빡였는데, 이게 전기 아크를 생성하는 데 사용된 탄소 막대와 산소
의 접촉 때문이라는 걸 깨달았다.

헤르타가 제작한 독가스 방지용 특수 팬

획기적인 발견으로 헤르타는 전기공학자협회의 초청을 받아 자신의
연구를 발표했고, 이어 여성 최초로 전기공학자협회의 회원이 되었다.
당시 여성은 과학계에서 인정받기가 어려웠다. 라듐을 발견한 인물은
마리 퀴리였지만 그 공로를 인정받은 사람은 그녀의 남편이었다. 퀴리
의 절친한 친구였던 헤르타는 퀴리가 마땅한 공로를 받을 수 있도록 캠페인을 벌였다. 헤르타
는 1883년부터 사망할 때까지 아크 램프와 전극에 관한 연구 13건과 수학 분할기에 대한 특허
5건을 포함해 총 26개의 특허를 출원했다. 1902년 그녀는 권위 있는 왕립학회의 회원으로 추
천되었지만, 기혼 여성은 자격이 없다는 이유로 가입이 거절되었다.

남편의 건강이 나빠지자 부부는 켄트 해안에 인접한 마을로 이사했다. 이곳에서 헤르타
는 해변의 파도가 일으키는 잔물결을 관찰하다가 공기와 물의 운동에 관한 연구를 시작했
다. 수년간 지속된 이 연구는 1908년 남편이 사망한 후에도 계속되었다.

1914년 제1차 세계대전 발발 후 헤르타는 자신의 연구로 최전선에 있는 군대를 도울 수
있다는 걸 깨달았다. 전쟁에서는 겨자 가스를 비롯한 치명적인 가스들이 사람들의 폐를 망
가뜨리는 무기로 사용되었다. 헤르타는 경첩이 달린 막대기 위에 캔버스로 만든 특수 팬을
연결해 참호에서 가스를 빼내는 발명품을 개발했다. 처음에 영국 국방부는 그 발명품을 무
시했으나 그녀가 만든 특수 팬이 신문에 보도되자 10만 4,000개의 팬을 군대에 보급했다.

전쟁이 끝난 후 헤르타는 기류와 소용돌이에 대한 지식을 활용해 광산과 하수도에서 나
오는 유독 가스를 제거했다. 여성 참정권 운동을 비롯해 평생 여성의 권리를 위해 힘썼던
헤르타는 1918년, 30세 이상의 여성들에게 처음 투표권이 주어지면서 가슴속에 간직한 목
표를 이룰 수 있었다. 1923년 8월 26일 그녀는 패혈증으로 세상을 떠났다. 생전에 그녀는
과학적 업적에 대해 인정을 받았고, 여성 공학자로서 미래 세대의 여성들이 과학과 공학 분
야에서 꿈을 펼치며 인정받을 수 있는 길을 열었다.

"실제로는 여성이 한 일임에도 그 공로를 남성에게 돌리는 실수가 자주 반복되고 있다."

헤르타 에어튼

니콜라 테슬라

니콜라 테슬라는 에디슨의 동료이자 경쟁자로 오늘날 사용되는
교류 전기의 우수성을 알아본 위대한 공학자다. 그가 발명한
무선 송신기는 인류에게 엄청난 발전을 가져다주었다.

가장 위대한 업적

유도 전동기
1883년

테슬라 전기회사
1887년 설립

테슬라 코일
1891년

수력발전소 설계
나이아가라 폭포, 1893년

네온, 엑스레이
최초의 엑스레이 사진 촬영
1893∼1894년

텔레오토마톤
무선 조종 시연, 1898년

괴짜였지만 선견지명을 지녔던 니콜라 테슬라Nikola Tesla는 전기
동력 전달 개발에 공헌한 공학자다. 테슬라는 '원격 제어'를 개
발해 사람들의 일상에 엄청난 변화를 가져다주었지만, 큰 부를 이루지
는 못했다.

테슬라는 1856년 7월 10일 오스트리아 헝가리 제국(현 크로아티아)
에서 그리스 정교회 사제의 아들로 태어났다. 그는 밝은 성격이었지만
책과 대수표를 다 외울 정도로 완벽주의 성향이 강한 아이였다. 19세
에 테슬라는 오스트리아 그라츠에 있는 폴리테크대학에서 전기 공학
을 전공했다. 잠을 줄이며 열심히 공부한 덕에 그는 필수 과목보다 두
배나 많은 수업을 수강하면서도 가장 우수한 성적을 받았다. 그러나
3학년 때 도박으로 등록금을 탕진하며 공부할 기회를 낭비하다가 결
국 자퇴했다.

유도 전동기

테슬라 코일 앞에 앉아있는 니콜라 테슬라

1881년 테슬라는 부다페스트로 이사해 국립전화교환국에서 일했다. 그는 교류를 생성하는 유도 전동기를 구상했지만 시간적 여유가 없어 곧바로 제작에 돌입하지 못했다. 테슬라는 2년 정도 파리로 건너가 토머스 에디슨의 자회사에서 발전기와 모터를 설계하며 자신의 유도 전동기 시제품을 만들었다.

그는 에디슨이라면 자신이 개발한 장치의 잠재력을 알아볼 것이라 확신했다. 그는 1884년에 단 4센트와 추천서만을 가지고 에디슨을 만나기 위해 미국에 갔다. 그러나 직류의 우수성을 주장하던 에디슨은 교류를 사용해 만든 테슬라의 유도 전동기에 별다른 반응을 보이지 않았다. 하지만 테슬라의 잠재력을 알아본 에디슨은 테슬라에게 일자리를 제공

하고 교류 전력의 공급량을 늘려오면 후하게 보상
하겠다는 제안을 한다. 테슬라에 따르면, 에디슨
이 요청한 대로 모든 과업을 수행했지만 보상에 대
한 약속은 지켜지지 않았다고 한다. 그런 상황과
관계없이 테슬라는 회사를 그만두었다.

에디슨은 테슬라의 발명품을 인정하지 않았지
만 다른 경쟁자들은 테슬라에게 기꺼이 투자했다.
테슬라는 사업 파트너들과 협력해 1887년에 테슬
라 전기회사Tesla Electric Company를 설립한 뒤 교
류 모터와 전력 시스템을 설계했다. 그는 적극적인
홍보로 조지 웨스팅하우스로부터 특허권 비용으로
6만 달러를 받았다. 테슬라의 교류식 설계를 받아
들인 조지 웨스팅하우스는 직류를 지지하던 토머
스 에디슨과 값비싼 '전류 전쟁'을 벌였고, 결과는
교류의 승리로 끝이 났다. 교류는 직류보다 더 멀
리, 그리고 더 높이 전압을 송전할 수 있었다.

1889년 테슬라는 특허권 계약의 수익금으로 뉴
욕에 자신의 실험실을 차렸다. 독일 물리학자 하인
리히 헤르츠가 전자기 복사를 발견한 이후, 테슬라
는 전압을 높이는 변압기 실험을 시작했다. 테슬라
의 디자인은 두 개의 금속 코일 사이에 틈새를 두
고 철심을 감싼 것이 특징이었다. 이 '테슬라 코일'
은 네온, 형광등, 엑스레이와 같은 새로운 형태의
조명에 전력을 공급할 수 있는 고전압과 주파수 생
성이 가능했다. 테슬라는 전선 없이도 공기와 땅을
통해 전기 에너지를 전달할 수 있다는 가능성을 발
견했다. 그는 대중 앞에서 테슬라 코일을 사용해
무대 조명을 켜는 시연을 했다.

테슬라 코일로 유명해진 그는 1893년 나이아가
라 폭포의 발전 시스템에 대해 조언해줄 것을 요청
받았다. 테슬라의 설계로 웨스팅하우스 전기회사

1900년에 테슬라는 인공 번개를 만들어내며 대형 송신기를 시연했다.

테슬라가 뉴욕 워든클리프에 세운 송신탑

는 나이아가라 폭포에 수력발전소를 건설하는 계약을 따냈다. 1898년 매디슨 스퀘어 가든
에서 열린 공개 시연에서 테슬라는 무선 신호를 사용해 선박을 조종하는 리모컨 '텔레오토
마톤Teleautomaton'을 선보였다. 테슬라는 이 발명품을 미군에 판매하려 했으나 성공하지 못
했다. 이 기술이 진지하게 받아들여지기까지는 20년이 더 걸렸다.

　테슬라는 유럽 라디오의 개척자 굴리엘모 마르코니(164쪽 참조)를 앞지르기 위해 더 뛰
어난 무선 송신기를 만드는 데 많은 시간을 할애했다. 1897년 테슬라는 전파 기술에 대한
특허를 출원했지만, 실험실에 화재가 발생해 연구 자료 대부분이 파괴되었다. 비슷한 시

기에 마르코니는 영국 해협을 가로질러 최초의 라디오 신호를 전송하는 데 성공했다. 1904년 테슬라는 자신이 개발한 무선 송신기의 성능을 증명하기 위해 엄청난 재정적 비용을 투입해 뉴욕 워든클리프에 57m 높이의 타워를 건설하려고 했다. 그러나 늘어난 부채를 감당할 수 없었고, 결국 1917년에 탑은 철거되어 그의 계획은 수포로 돌아갔다.

엄청난 실패 이후 테슬라는 연구 자금을 확보하기 위해 고군분투하며 파산하기 직전까지 사무실을 옮겨 다녔다. 1919년부터 1922년까지 그는 여러 회사와 협력해 블레이드가 없는 발전용 터빈, 수직 이착륙 및 레이더 기술을 개발했다. 테슬라는 성격이 점점 더 괴팍해지고 비둘기에게 끊임없이 먹이를 주는 등 강박 장애의 징후를 보였다. 이 시기에 그는 우주선으로 구동되는 모터, 사고 기록 장치, '죽음의 광선'과 같은 기이한 아이디어를 발표했다.

1943년 1월 7일, 테슬라는 호텔 방에서 숨진 채 발견되었다. 사망 원인은 관상동맥혈전증이었다. 테슬라는 막대한 부채를 남겼지만 그보다 중요한 것은 그가 전력 시스템의 기초를 구상하고 무선 기술을 발전시켜 수백 개의 발명품을 인류에게 남겼다는 사실이다.

"전 세계가 그의 발전소"

〈타임지〉,
테슬라의 75번 째 생일을 축하하며, 1931년

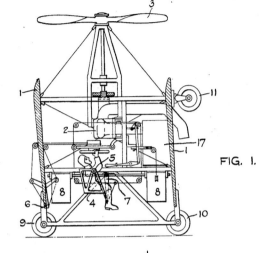

Jan. 3, 1928.   1,655,114
N. TESLA
APPARATUS FOR AERIAL TRANSPORTATION
Filed Oct. 4, 1927   2 Sheets-Sheet 1

FIG. 1.

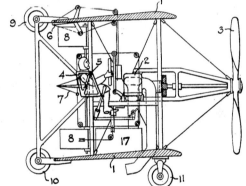

FIG. 2.

INVENTOR.
NIKOLA TESLA.
BY
ATTORNEY.

테슬라가 특허받은 수직 이착륙 항공기

그랜빌 우즈

그랜빌 우즈는 미국 최고의 전기 기술자이자 60건이 넘는 특허를 남긴 발명가다. '흑인 에디슨'이라는 별명처럼 뛰어난 재능을 가졌지만 인종차별이 심했던 시대에 인정받기 위해 치열한 삶을 살아야 했다.

가장 위대한 업적

우즈 선로통신회사 설립
1884년

텔레그라포니
1885년

동시 다중 철도 전신기
1887년

보일러 용광로
1889년

자동 에어 브레이크
1902년

공학자와 발명가의 구분이 항상 명확한 것은 아니지만, 대부분의 공학자는 공학 작업보다 획기적인 발명품으로 기억된다. 새로운 것을 발명하기보다는 현존하는 기술력에서 해답을 찾는 공학자들에게 문제 해결을 위한 기술 혁신은 그들만의 고유한 영역이다. 다작 발명가로 불렸던 아프리카계 미국인 공학자 그랜빌 우즈Granville Woods의 경우도 마찬가지였다.

기술 산업의 호황기였던 19세기 말과 20세기 초에 우즈는 자신의 발명품으로 50개 이상의 미국 특허를 받았다. 그의 특허 대부분은 전력이 2차 산업혁명을 주도하면서 급속히 발전한 통신과 운송에 관련된 것이었다. 이 기술의 잠재력을 알아본 우즈는 흑인으로서는 쉽지 않은 길이지만 공학 분야에서 경력을 쌓기로 결심했다. 미국 남북전쟁이 끝나고 노예제가 폐지된 직후에도 여전히 흑인에게는 교육과 일자

전신 키

리에 대한 기회가 제한적이었다. 우즈는 공학 분야에서 일하는 동안 평생을 인종차별에 맞서 싸워야 했다.

우즈는 1856년 미국 오하이오주 콜럼버스에서 태어났다. 어려운 가정형편 때문에 그는 일찍 학교를 그만둬야 했다. 우즈는 공장에서 수습생으로 일하며 기계공학과 금속가공법을 배웠고, 이후에는 제철소와 철도, 증기선 분야에서 일했다. 야간학교에서 정식으로 공학을 배운 적도 있지만, 1884년까지 혼자 힘으로 공부를 마친 우즈는 곧 자신의 사업을 시작할 준비를 마쳤다. 그는 통신산업에 장비와 전문 지식을 제공하는 것을 목표로 동생과 함께 우즈 선로통신회사Woods Railway Telegraph Company를 설립했다. 회사는 전보와 최초의 전화망 사업으로 1830년대 이후 빠르게 확장했다.

우즈는 용광로를 발전시켜 증기 기관차 보일러의 성능을 개선했다. 첫 번째 특허였던 이 기술은 그가 전기공학에서 힘들게 얻은 전문 지식으로 고안한 획기

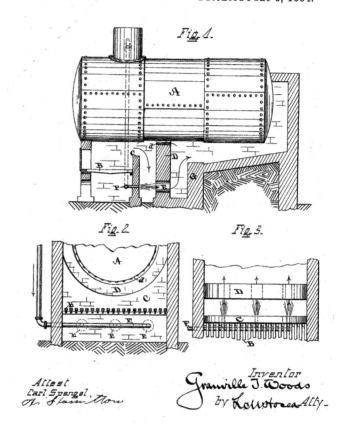

보일러 용광로를 적용한 증기 기관차

적인 아이디어였다. 그 다음에는 전신과 전화의 원리를 결합해 성능이 뛰어난 전화 송신기를 설계했다. '텔레그라포니Telegraphony'라고 이름 붙인 이 시스템은 하나의 전선으로도 음성 신호나 모스 부호 메시지를 전송할 수 있게 해주었다. 우즈는 텔레그라포니에 대한 특허권을 알렉산더 그레이엄 벨의 전화 회사에 판매했다. 이 수입으로 그는 더 많은 연구와 개발에 투자했다.

1887년 우즈는 동시 다중 철도 전신기를 만들어 특허를 받았다. 이 발명품으로 운행 중인 열차와 역 간의 통신이 가능해지면서 철도 네트워크의 안전성을 높였다. 이제 역 관리자가 열차의 위치를 확인하여 충돌 가능성을 줄이는 것이 가능해졌다. 달리는 열차와 교신하려는 시도는 이전에도 있었으나 기술 신뢰도는 매우 낮았다. 전신선과 선로가 접촉되어야

(No Model.)

G. T. WOODS.

INDUCTION TELEGRAPH SYSTEM.

No. 373,915.   Patented Nov. 29, 1887.

Fig. 1.

Fig. 2.   Fig. 3.

Fig. 4.

Fig. 5.

WITNESSES: INVENTOR

Granville T. Woods

ATTORNEY

동시 다중 철도 전신기

열차와의 통신이 가능했는데, 열차의 불규칙한 움직임 때문에 연결이 끊어지는 경우가 많았다. 반면, 우즈는 자기장을 사용해 전류를 유도하는 전자기 코일을 열차에 장착했다. 이 독창적인 방법으로 전신선과 선로는 접촉 없이도 연결되었다.

우즈는 이 발명품으로 대중에게 인정받았지만, 경쟁자들과의 갈등은 피할 수 없었다. 발명가들은 자신의 귀중한 특허권을 보호하기 위해 값비싼 법적 소송을 치러야 했다. 우즈는 유명한 발명가 토머스 에디슨과 맞서야 했다. 에디슨은 동시 다중 철도 전신기를 최초로 발명한 사람이 자신이라고 주장했다. 법원은 우즈의 손을 들어주었고, 자신의 특허권을 지킨 우즈는 에디슨이 제안한 일자리를 거절했다.

당시의 흑인들은 자신의 발명품을 상업적으로 활용하기 어려웠다. 우즈도 생계를 위해 특허를 팔아야 했다. 그러나 고액의 법원 소송을 치렀던 그는 자산이 고갈되었고, 말년을 재정적

1890년대의 증기 기관차. 우즈의 동시 다중 철도 전신기는 철도 시스템의 안전성을 높였다.

걱정으로 보내다 건강이 쇠약해졌다. 그는 53세라는 비교적 이른 나이에 뇌출혈로 세상을 사망했고 뉴욕에 묘비도 없이 묻혔다. 달걀 부화기에서부터 전기 철도와 기차용 자동 에어 브레이크에 이르기까지, 혁신적인 기술로 평생을 공학 분야 공헌했음에도 불구하고 우즈는 가난하게 생을 마감했다. 오늘날에야 그의 놀라운 공학 업적이 재발견되면서 마침내 인정받았다.

"우즈의 많은 발명품은 가장 강력하고 신비한 힘을 다루는 데 있어서 엄청난 기술과 능력을 보여주었다. 이러한 것들이 그를 발명가로서 선두 자리에 오르게 했다."

신시내티 커머셜 가제트, 1889년

루돌프 디젤

독일의 기계공학자 루돌프 디젤은 이제는 고유명사가 된 디젤 엔진을 최초로 개발한 인물이다. 평생을 엔진 연구에 매진한 그는 고효율 엔진을 통해 엔진 역사에 한 획을 그은 선구자였다.

가장 위대한 업적

얼음 제조기
첫 번째 특허, 1882년

디젤 엔진
1897년

선박 엔진
1903년

디젤 기차
1913년

디젤 트럭
1924년

디젤 엔진은 거의 한 세기 동안 도로와 철도, 수상 운송의 동력으로 사용되었지만 이를 제작한 발명가는 그 경이로운 광경을 목격하기도 전에 갑자기 모습을 감췄다.

루돌프 크리스티안 칼 디젤Rudolf Christian Karl Diesel은 1858년 3월 18일 프랑스 파리에서 태어났다. 독일 바이에른에서 이민을 온 그의 아버지는 책 제본업자였다. 유년 시절, 디젤은 아버지의 작업장에서 손수레로 배달도 하며 아버지의 일을 도왔다. 12세의 디젤은 학교에서 동메달을 수상할 정도로 좋은 성적을 거두었다. 1870년 프랑스와 독일(프로이센 제국) 사이에 전쟁이 일어나자 독일인들은 고향을 떠나야 했다. 가족들은 영국 런던으로 이주했지만, 디젤은 독일어를 배우기 위해 아우크스부르크에 있는 이모에게 보내졌다. 그곳에 있는 동안 루돌프는 공학 분야에서 경력을 쌓기로 마음먹고 뮌헨의 왕립 바이에른 공과대학교에 입학했다.

1880년 디젤은 최고의 성적을 받고 대학을 졸업했다. 독일 과학자이자 공학자인 카를 폰 린데가 진행한 강의에 매료된 디젤은 린데가 있는 파리로 가서 새로운 냉동 공장을 설계하는 일을 도왔다. 1년 만에 디젤은 투명한 얼음을 제조해 첫 번째 특허를 취득했고, 곧 공장장으로 승진했다.

1890년 디젤은 독일 베를린으로 이사해 린데 회사의 연구 개발 부서를 담당했다. 그는 자신이 갖고 있던 열역학 지식을 기반으로 해서 암모니아를 활용해 연비와 열효율이 좋은 증기 동력 엔진을 개발하는 실험을 했다. 초기 실험 중에 엔진 폭발 사고가 발생해 가까스로 죽을 고비를 넘겼고, 이후 또 다른 실험에서 높은 실린더 압력 때문에 폭발

루돌프 디젤과 그의 이름을 딴 디젤 엔진

사고가 일어나 시력이 심하게 손상되었다. 이 사고로 디젤은 몇 달 동안 병원에 입원해야 했다. 이런 어려움에도 불구하고 디젤은 아우크스부르크 기계 공장에서 시험용 엔진 연구를 계속했다. 그가 만족할 만한 시제품을 제작하기까지 4년이 더 걸렸다.

1897년 디젤은 25마력의 4행정 수직 실린더 모델인 최초의 디젤 엔진을 공개했다. 이는 4행정 중 피스톤의 압축이 끝날 때 연료를 주입하는 방식으로, 초기 설계보다 효율적이었다. 연료는 점화 플러그 대신 압축으로 발생하는 고온에 의해 점화되었다. 디젤은 분말 석탄을 포함해 다양한 연료를 엔진에 테스트했다. 이때 디젤 엔진에 사용된 액체 연료인 '디

루돌프 디젤이 제작한 최초의 디젤 엔진

젤'은 그의 이름에서 유래된 것이다.

1년 후 아우크스부르크의 공장은 아직 엔진 설계가 완전하지 않은데도 생산을 시작했다. 그 때문에 초기 엔진을 구매한 사람들은 제품에 불만이 많았다. 일부 모델은 기계적 문제로 반품되기도 했다. 디젤은 분사기와 공기 압축 방법을 연구하며 보고된 문제들을 해결하기 위해 애썼다.

최초의 디젤 엔진은 고정식으로 설계되어 1903년부터 선박에 공급되기 시작했다. 하지만 기관차와 자동차에 적용되기까지는 대략 10년의 시간이 더 필요했다. 안타깝게도 디젤은 자신의 엔진으로 달리는 기차와 자동차를 보지 못한 채 모습을 감췄다.

고효율 엔진의 성공으로 디젤은 부자가 되었지만, 디젤 엔진을 계속 보완해야 하는 자신의 역할에 부담을 느끼고 대중들의 비판에 괴로워했다. 1913년 9월 29일, 안트베르펜에서 런던으로 가는 드레스덴 선박에서 디젤은 하루아침에 사라졌다. 그의

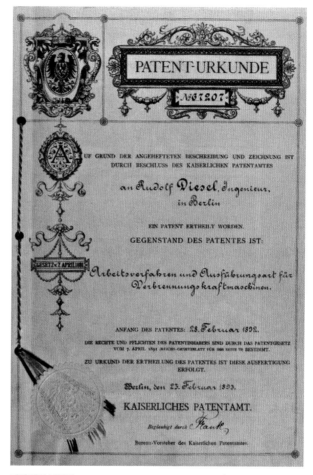

디젤 엔진 특허권

모자와 시계만 남겨져 있을 뿐 선실 침대에는 아무런 흔적도 없었다. 사람들은 그가 바다에 뛰어들어 자살했을 거라고 했다. 그밖에도 여러 가지 음모론이 난무했다. 디젤의 시신은 열흘 뒤 북해에서 발견됐다. 그가 아내에게 남긴 유서에는 오늘날 약 120만 달러(16여억 원)에 상당하는 돈이 들어 있었다. 전해지는 문서에 따르면 디젤은 파산 직전이었다고 한다. 만약 그때 살아있었다면, 디젤은 자신이 만든 엔진으로 수많은 자동차가 도로를 달리는 꿈 같은 모습을 보았을 것이다. 디젤 엔진의 설계 원리는 오늘날에도 여전히 적용되어 다양한 운송수단에 동력을 공급하고 있다.

"나는 자동차 엔진이 나올 거라고 굳게 확신하고 있으며,
 그러면 내 인생의 작업이 완료된다고 생각한다."

루돌프 디젤, 1913년

뤼미에르 형제
오귀스트 뤼미에르 & 루이 뤼미에르

영화를 최초로 만든 인물은 뤼미에르 형제다. 영화용 영사기인
시네마토그래프를 발명한 이들은 과학적 호기심으로
문화와 예술 발전에 이바지하며 현대예술의 길을 제시했다.

가장 위대한 업적

에티켓 블루
건조 사진판, 1881년

시네마토그래프
영화 영사기, 1894년

1,400편의 영화
1895~1905년

오토크롬
컬러 사진술, 1907년

영화용 카메라와 프로젝터를 발명한 프랑스인 형제 덕분에 오늘
날 영화 현장에서 쓰는 '조명, 카메라, 액션'이라는 표현이 세상
에 나왔다.

1862년 10월 19일, 프랑스 브장송에서 오귀스트 뤼미에르Auguste
Lumière가 태어나고 2년 뒤 동생 루이 뤼미에르Louis Lumière가 태어났
다. 이들의 아버지 샤를 앙투안 뤼미에르는 사진판 제작 사업에 뛰어
든 사진작가였지만 사업은 잘 되지 않았고 1882년에는 문을 닫을 지
경에 이르렀다. 프랑스 리옹에 있는 기술학교인 라 마르티니에르에서
광학과 화학을 공부한 뤼미에르 형제는 아버지의 사업을 돕기 위해 사
진판의 생산량을 늘리는 자동화된 생산 공정 시스템을 설계했다. 루이
는 빛에 민감한 종이에 젤라틴 유제를 사용한 새로운 유형의 건조 사
진판인 '에티켓 블루'를 발명했다. 덕분에 찍어 놓은 사진을 나중에 현
상하는 것이 가능했고, 사진가들은 사진을 현상하기 위해 급하게 암
실을 가지 않아도 되었다. 성공적인 발명품으로 1894년까지 뤼미에르
가문의 사업은 번창했고, 몽플라이시르에 있는 공장에 300명의 직원
을 고용하여 연간 약 1,500만 개의 사진판을 생산했다.

뤼미에르 형제의 아버지는 파리에서 열린 토머스 에디슨과 윌리엄
딕슨의 영사기(126쪽 참조) 시연식에 참석했다. 이후 리옹으로 돌아온
그는 두 아들에게 영사기에 사용된 필름 조각을 보여주었다. 영사기는
한 사람만 들여다볼 정도의 작은 구멍으로 영화를 보는 장치였다. 그
는 자신의 아들들이 보다 많은 사람들이 영화를 볼 수 있는 가볍고 저

뤼미에르 형제

럼한 영사기를 설계할 수 있을 것이라고 확신했다.

뤼미에르 형제는 아버지의 격려를 받으며 곧바로 제작에 뛰어들었다. 그리고 1894년에 '시네마토그래프Cinématographe'라는 영사기를 발명했다. 이는 동영상을 촬영한 후 현상과 영사까지 할 수 있는 세계 최초의 완전하고 휴대 가능한 필름 카메라였다. 수동 크랭크로 작동되는 시네마토그래프는 초당 16프레임의 속도로 35mm 너비의 필름을 투사했다. 46프레임인 에디슨의 영사기보다 느리지만 부드러웠다. 더 가벼우면서 소음도 덜 나고 필름 사

시네마토그래프, 1894년

용량도 적었다. 뤼미에르 형제의 시네마토그래프가 획기적이었던 것은 필름이 기계를 통과
하는 방식이었다. 동생 루이는 동작 사이마다 멈추는 구간이 존재하는 재봉틀의 원리에서
아이디어를 얻어 필름 스트립 양쪽 가장자리에 일정한 간격을 두고 일렬로 구멍을 뚫었다.
그들은 시네마토그래프 렌즈 앞을 지나갈 때 카메라 셔터가 열리고 닫히는 동안 잠시 멈췄
다. 이러한 방식으로 필름은 기계를 천천히 통과하고 필름의 각 프레임은 적절한 시간 동안
노출될 수 있었다.

1895년 12월 28일, 아버지 앙투안의 주도로 파리의 그랑 카페에서 시네마토그래프로 찍
은 뤼미에르 형제의 첫 작품이 상영되었다. 노동자들이 뤼미에르 공장에서 나가는 단순한
장면이었지만, 영화는 관객들의 마음을 사로잡았다. 50초가량 되는 세계 최초의 상업영화
'공장 노동자들의 퇴근'은 그렇게 탄생했다. 1년 후 뤼미에르 형제는 런던, 브뤼셀, 뉴욕에

극장을 열어 다양한 다큐멘터리와 코미디 영화를 선보였다. 일본, 북아프리카, 중미 등 멀리 떨어진 곳까지 시네마토그래프가 수출되었고, 러시아의 마지막 황제인 니콜라스 2세의 대관식 촬영에도 사용되었다. 1895년에서 1905년 사이에 약 1,400편의 영화가 뤼미에르 형제의 영사기로 제작되었다. 이중 상당수는 오늘날에도 감상이 가능하다.

영화 산업의 문을 연 뤼미에르 형제는 다시 자신들의 첫 번째 관심사였던 사진과 색채로 눈을 돌렸다. 이전에 컬러 사진을 시도해 보았지만 만족스러운 방법을 찾지 못했던 터였다. 뤼미에르 형제는 빨강, 초록, 파랑으로 염색한 미세한 감자 전분을 사진판에 활용했다. 결과는 성공적이었다. 가루가 빛을 걸러주는 일종의 필터 역할을 하면서 색깔을 비출 수 있는 투명한 이미지를 현상할 수 있었다. 1907년에 출시된 이 '오토크롬Autochrome'으로 사진가들이 컬러 사진을 촬영할 수 있게 되면서 뤼미에르의 발명품은 전 세계적으로 큰 성공을 거두었다.

뤼미에르 형제는 다른 분야에서도 창의력을 발휘했다. 1930년대에 동생 루이는 성공적인 3D 이미지를 생성하기 위해 입체경 제작 작업을 시작했다. 형 오귀스트는 의료 기기를 설계하고 암과 결핵에 대한 연구를 시작했다. 루이는 1948년 6월 6일, 오귀스트는 1954년 4월 10일에 세상을 떠났다. 뤼미에르 형제가 발전시킨 사진과 영화 산업은 지금까지도 전 세계 사람들의 마음을 끌어당기며 즐거움을 선사하고 있다.

"나의 발명은 상업적 가치와
  상관없이 언젠가는 과학적
  호기심으로서 인정받을 것이다."
  오귀스트 뤼미에르, 1913년

시네마토그래프로 찍은 뤼미에르 형제의 첫 작품 상영, 1895년

라이트 형제
윌버 라이트 & 오빌 라이트

라이트 형제는 세계 최초로 유인 동력 비행기를 제작해
미지의 영역이었던 하늘을 개척한 발명가들이다.
날고자 하는 욕망을 포기하지 않고 끊임없이 연구한 이들의
도전 정신 덕분에 오늘날의 항공공학이 크게 발전했다.

20세기가 시작되면서 조종이 가능한 비행기를 타고 하늘로 날아가는 꿈이 마침내 펼쳐졌다. 수십 년 동안 열기구와 비행선이 발전하는 모습을 지켜본 항공공학자들은 곧 안정적인 유인 동력 비행기를 만들 수 있다는 희망을 키웠다. 그 마지막 돌파구를 찾기 위해 대서양을 사이에 두고 미국과 유럽은 계속 경쟁했다. 미국과 유럽의 항공공학자들은 자신의 설계안을 수정하고 시험하면서 한편으로는 경쟁자들의 움직임에 촉각을 곤두세우고 있었다. 이 항공공학자 중에는 미국인 형제, 윌버 라이트Wilbur Wright와 오빌 라이트Orville Wright도 있었다.

가장 위대한 업적

최초의 라이트 글라이더
1900년

최초의 비행 시험
1900년

풍동
1901년

최초의 동력 비행
1903년

라이트 플라이어
최초의 실용적인 비행기, 1905년

라이트 형제의 글라이더, 1900년

경쟁자였던 사무엘 랭글리의 항공기 테스트 실패

1903년 12월 17일은 라이트 형제가 최초로 공기보다 무거운 비행기를 타고 하늘을 날았던 역사적인 날이다. 1867년에 태어난 윌버는 동생 오빌과 4살 터울이었다. 이들의 아버지는 오하이오주 데이턴에 있는 교회 신문의 책임자이자 편집장이었다. 라이트 형제는 화목한 가정 속에서 독립심을 배우며 자랐다. 뛰어난 학생이었던 형 윌버는 대학에 갈 예정이었지만 하키 경기를 하다 사고로 앞니가 부러지면서 크게 다쳤다. 집에서 회복하는 동안 윌버는 열심히 책을 읽었다. 이때 그의 상상력을 가장 사로잡은 주제는 항공이었다. 유년 시절, 라이트 형제는 아버지에게 받은 헬리콥터 장난감에 매료되었다. 이때부터 윌버는 본격적으로 항공 분야를 연구하기 시작했다.

동생 오빌은 일찍 학교를 그만두고 인쇄 사업을 시작했다. 나중에 합류한 형과 함께 인쇄기를 제조하면서 이들은 귀중한 공학 기술을 배웠다. 미국에 안전 자전거가 등장하자 오빌은 사이클에 푹 빠졌고, 이는 형제들의 다음 사업으로 이어졌다. 1892년, 라이트 형제는 자전거를 임대, 판매, 수리하는 라이트 자전거 회사The Wright Cycle Compan를 설립했다. 이들은 자신들이 발명한 기술을 접목해 직접 자전거를 제조했다. 자전거 사업은 성공적이었고, 덕분에 라이트 형제는 재정적으로 안정된 상태에서 항공 연구를 진행했다. 형제는 다양한 비행 기계와 대담한 발명가에 관한 신문 기사를 읽었다. 글라이더 개척자 오토 릴리엔탈의 비극적인 죽음으로 항공기가 공중에 있을 때의 높은 불안정성이 부각되었다. 자전거의 원리를 잘 알고 있던 라이트 형제는 자전거와 마찬가지로 글라이더도 안정적인 조종을 위해서

사무엘 랭글리

는 조종사가 계속해서 균형을 잡아야 한다는 점을 알고 있었다.

1899년부터 형제는 항공기 설계에 관한 체계적인 연구를 시작했다. 이들은 자전거를 개조한 회전 기계를 만들어 다양한 날개 모양의 공기 역학을 시험했다. 그런 다음 모형 글라이더를 만들어 시험해본 후 실물 크기의 시제품을 제작했다.

1900년부터 라이트 형제는 매년 노스캐롤라이나주 키티호크 해안의 모래사장에서 비행 시험을 했다. 글라이더가 비행에 실패할 때마다 다시 도면으로 돌아가 설계를 보완했다. 인공적으로 바람을 일으키는 장치인 풍동을 만들어 공기 흐름 실험을 거듭한 끝에, 1902년 9월 라이트 형제는 글라이더의 양력을 개선했다. 또한, 날개 가장자리를 구부려 날개의 기울기를 제어했다. 이는 오늘날 항공기의 보조날개와 같은 역할을 했다. 이로써 라이트 형제의 글라이더에는 앞뒤 움직임을 제어하는 전면 엘리베이터와 좌우의 움직임을 제어하는 후면 방향타를 포함해 총 3개의 이동 축 제어 기능이 탑재되었다. 형제는 교대로 글라이더를 조종해 최대 190m까지 비행에 성공했다. 이제 형제에게 필요한 것은 가벼운 엔진뿐이었다.

라이트 형제는 항공기에 장착할 엔진으로 휘발유로 구동되는 엔진을 선택했다. 시중에서는 가벼운 모델을 구할 수 없었기 때문에 조수인 찰리 테일러가 맞춤형 경량 엔진을 제작했다. 또 다른 미국 항공공학자이자 스미스소니언협회의 회장인 사무엘 피어포인트 랭글리도 1896년에 에어로드롬 넘버 5 항공기를 제작하면서 경쟁이 시작되었다. 랭글리는 자신의 항

랭글리의 에어로드롬 넘버 5

공기가 공기보다 무거운 최초의 하늘을 나는 기계라고 주장했다. 랭글리는 조종사가 탈 수 있는 실물 크기의 비행 모델을 제작하는 데에 자금 지원을 해달라고 미 육군을 설득했다. 라이트 형제는 자신들이 만든 최초의 동력 항공기인 라이트 플라이어Wright Flyer를 시험하기 위해 키티호크로 향했을 때, 랭글리의 항공기가 비행할 태세를 갖추고 있다는 것을 알았다.

최초의 동력 비행. 노스캐롤라이나주 키티호크, 1903년

　그러나 라이트 형제는 걱정할 필요가 없었다. 1903년 10월 7일, 랭글리의 항공기는 이륙 후 포토맥강으로 곧장 추락했다. 12월 8일의 두 번째 시도 역시 기체가 고장 나서 실패했다. 이들에게 더 이상의 경쟁자는 없었다.

　1903년 12월 14일, 드디어 라이트 형제의 항공기가 이륙을 시도했다. 하지만 3초 만에 추락했다. 라이트 형제는 수리를 마친 후 평평한 모래를 따라 이어져 있는 나무 레일에서 다시 이륙을 시도했다. 이들은 교대로 항공기를 조종했다. 첫 번째 시도에서 동생 오빌은 12초간 비행을 했다. 네 번째 시도에서 윌버는 역사책에도 기록된 성공적인 비행을 완수했다. 260m의 거리를 59초 동안 날았던 이 비행은 세계 최초로 사람이 공기보다 무거운 항공기를 조종한 사건이었다.

　라이트 형제는 자신들의 비행에 대해서 최소한의 사항만 언론에 공개했다. 특허를 확보하고 공개 시연 비행을 완료하기 전까지는 성공 비밀이 누설되는 것을 경계했다. 유럽의 경쟁자들은 라이트 형제의 주장에 회의적이었다. 1906년 11월 12일, 프랑스에서 아우베르투 산투스두몽은 자신의 비행이 최초라고 주장했다. 그러나 1908년 8월 8일, 프랑스 르망 근처에서 형 윌버가 발전된 모델인 A타입 비행기로 성공적인 시범 비행을 함으로써 라이트 형제의 주장이 옳았다는 것이 입증되었다.

라이트 형제는 진 세계적으로 거다란 찬사를 받았다. 이들은 계속해서 1904년과 1905년에 개선된 형태의 비행기를 제작했고, 미 육군에게 판매하기 위해 노력했다. 마침내 1908년 2월, 미 육군은 라이트 항공사와 비행기 구매 계약을 체결했다. 이것은 윌버가 당시 프랑스에서 시연했던 A타입 비행기였다. 안타깝게도 라이트 형제는 자신들의 특허를 보호하기 위해 법적인 싸움에 지나치게 에너지를 쏟은 결과, 항공기 개발의 선두 주자로서의 시간을 낭비했다. 이들의 항공기는 곧 단점의 일부를 보완하고 극복한 경쟁업체에게 따라잡혔다.

'최초의 실용적인 비행기'라는 특허를 두고 벌어진 장기간의 법적 논쟁은 형제들에게 큰 부담이었다. 법원 소송으로 지친 형 윌버는 1912년 5월 30일에 장티푸스로 세상을 떠났다. 얼마 지나지 않아 1915년에 동생 오빌은 회사의 지분을 매각하고 항공공학 분야의 자문으로 연구 개발에 복귀했다. 라이트 형제의 특허권을 인정하지 않던 스미스소니언협회는 형제의 비행기를 자신들 소유의 박물관에 전시할 수 있는 권리를 갖게 되고 나서야 의견을 바꾸었다. 동생 오빌은 1948년에 세상을 떠났지만, 얼마 지나지 않아 비행기를 타고 하늘을 날아가는 꿈같은 이야기는 사람들의 일상이 되었다.

"하늘을 날고 싶다는 열망은 길이 없는 험난한 땅을 가로지르며 고된 여행을 했던
　선사 시대의 조상들로부터 전해 내려왔다. 그들은 하늘이라는 무한한 고속도로를
　빠르고 자유롭게 나는 새들을 부러운 눈으로 바라보았다."

　　　　　　　　　　　　　　　　　　　월버 라이트, 프랑스의 에어로클럽 만찬 연설에서, 1908년 11월 5일

백악관에서 대통령을 만난
라이트 형제, 1909년

굴리엘모 마르코니

굴리엘모 마르코니는 무선 통신 기술을 개발해 노벨물리학상을 받은 위대한 공학자다. 그의 무선 통신기 덕분에 침몰하던 타이타닉호에서 승객을 구출할 수 있었다.

가장 위대한 업적

무선 통신기
1896년

최초의 국제 무선 통신
영국과 프랑스, 1899년

대서양 횡단 메시지
캐나다 영국, 1901년

노벨상
1909년

타이타닉호 구조
1912년

이탈리아의 발명가 굴리엘모 마르코니Guglielmo Marconi의 무선 통신 기술 덕분에 장거리 무선 전송이 가능해졌고, 이것은 또 역사상 가장 비극적인 사건(타이타닉호 침몰)이 발생했을 때 극적인 구조를 가능케 했다.

마르코니는 1874년 4월 25일 이탈리아 볼로냐에서 이탈리아 귀족이었던 아버지와 아일랜드인 어머니 사이에서 태어났다. 부유한 부모를 둔 덕분에 그는 사교육을 받으며 수학, 화학, 물리학을 배웠다. 마르코니는 대학에 입학하지는 않았지만, 볼로냐 대학에서 강의를 수강했다. 여기에서 그는 독일 물리학자 하인리히 헤르츠의 전자기 복사와 전파연구에 대해 알게 되었다. 1894년, 마르코니는 헤르츠가 발견한 이론을 바탕으로 통신 시스템을 개발하기 위해 자신의 다락방에서 실험을 진행했다. 전기 전신은 수년 동안 모스 부호 메시지를 장거리로 보내기 위해 사용되었는데, 마르코니는 전기 전신과 무선 전파를 결합하면 전선 없이도 동일하게 메시지를 보낼 수 있다고 생각했다.

1894년 말까지 그는 라디오 송신기와 수신기를 조립해 원격으로 벨을 울리는 장치를 만들었다. 그리고 1895년 여름, 집에서 2.5km 떨어진 거리에 라디오 신호를 방송할 안테나를 설치했다. 마르코니는 자신이 제작한 무선 통신기를 가지고 이탈리아 우편통신부를 찾아갔다. 하지만 그들은 별다른 관심을 보이지 않았다. 그는 발명품 소개서를 가지고 영국으로 향했고 그곳에서 우체국의 수석 공학자인 윌리엄 프리즈를 만났다. 마르코니의 무선 통신기를 좋게 본 윌리엄 프리즈는 1896년 그에게 전파 통신 시스템에 대한 특허를 출원하도록 격려했다.

전자기 복사를 활용해 무선 통신기를 개발한 굴리엘모 마르코니

마르코니는 영국 정부에 무선 통신 시스템의 잠재력을 보여주었다. 1897년에 그는 솔즈베리 평원을 가로질러 6km 떨어진 곳에 모스 부호 메시지를 보냈다. 1899년에는 프랑스 위메로에서 영국 해협을 건너 영국 도버에 있는 사우스 포랜드 등대로 메시지를 보냈다. 무려 50km를 이동한 이 통신은 최초의 국제 무선 통신이었다. 그해 말, 마르코니는 두 척의 신문사 선박에 장비를 공급해서 아메리카 컵 요트 경주를 생중계할 수 있도록 함으로써 큰 찬사를 받았다.

1901년에 마르코니는 세계 최초로 대서양 횡단 메시지를 전송했다.

　직선 전파는 지구의 곡선 주위를 이동할 수 없다고 알려졌지만 마르코니는 개의치 않고 연구에 뛰어들었다. 1901년 12월 12일, 마르코니와 그의 조수인 조지 켐프는 캐나다 뉴펀들랜드의 세인트존스 언덕에 자리를 잡고 3,500km 떨어진 영국 콘월에서 오는 신호를 받았다. 메시지는 단순한 'S'라는 모스 부호였지만 전파가 대서양을 건널 수 있음을 증명한 실험이었다. 마르코니는 장거리 무선 통신 시도가 성공했을 때 기뻐했지만, 그때까지 파장이 지구의 상층부 대기에서 반사된다는 사실을 몰랐었다. 이후 테스트에서는 아일랜드와 아르헨티나, 영국과 호주에도 무선 신호가 전달되었다.

　무선 통신의 유용성은 1912년 4월 15일, 타이타닉호가 빙산에 부딪혀 침몰하기 시작했을 때 더욱 분명해졌다. 마르코니의 장비로 구조신호를 보냈는데 타이타닉호와 3시간 30분 거리에 떨어져 있던 정기선 카르파티아호에서 이 신호를 수신했다. 카르파티아호는 타이타닉호의 구명정 20척에서 승객 705명을 구조했다.

　1920년대에 마르코니는 실험에서 더 짧은 파장을 사용해 무선 전송을 했다. 짧은 파장은 무선 전송 시 신호가 더 강하고, 속도도 빨랐다. 덕분에 마르코니는 국가 간의 단파 통신을 제공하는 계약을 체결했다. 그는 영국의 초기 텔레비전 화면 전송에도 참여했다.

　두 번의 결혼을 귀족의 딸들과 했던 마르코니는 매우 편안하고 부유하게 살았다. 1935년 이탈리아로 돌아온 마르코니는 파시스트 정당인 무솔리니를 적극적으로 지지했다. 그는 여러 차례 심장마비를 일으켰고, 1937년 7월 20일 로마에서 생을 마감했다. 장례는 국장으로 치러졌다.

사실 전파를 통신기에 적용한 최초의 인물은 마르코니가 아니었다. 그가 무선 통신기 개발에 사용한 기술 역시 대부분은 다른 발명가의 것이었다. 1904년, 라디오 발명 특허를 둘러싼 소송에서 니콜라 테슬라를 이긴 마르코니는 국제 라디오 통신 공급으로 돈을 벌었다(그러나 법원은 테슬라가 사망한 해인 1943년에 판결을 번복했다). 마르코니가 독자적인 기술을 이용해 무선 통신을 개발한 것은 아니지만, 이를 구체화시킨 덕분에 무선 통신이 국제적으로 널리 통용되었다. 마르코니의 사망 소식을 들은 전 세계의 무선 통신사들은 마르코니를 기리기 위해 2분간 송신기 스위치를 끄고 묵념하는 시간을 가졌다.

"인류는 공간과 시간과의 싸움에서 항상 더 많은 승리를 거두고 있다."

굴리엘모 마르코니

마르코니의 공장에서 최초로 작동한 대형 방송 송신기

릴리안 몰러 길브레스

미국의 공학자 릴리안 몰러는 공학계에서 최초로 박사 학위를 받은 여성이다. 공학과 심리학을 결합해 산업의 컨설턴트로 활약한 그녀는 오늘날 '세계에서 가장 위대한 여성 공학자'로 소개되고 있다.

가장 위대한 업적

경영심리학
릴리안의 경영 아이디어가 담긴 책, 1914년

가정관리
가사 노동 개선, 1929년

퍼듀대학교
최초의 여성 공학 교수, 1935년

국립공학아카데미
최초의 여성 당선자, 1965년

후버상
미국토목기술자협회, 1966년

릴리안 몰러 길브레스Lillian Moller Gilbreth는 미국 최초의 여성 공학박사다. 그녀는 심리학 지식을 활용하여 조직의 생산성을 위해 직원의 복지를 고려하는 등 경영관리 분야에서 새로운 수준의 효율성을 추구했다.

릴리안은 1878년 5월 24일 미국 캘리포니아 오클랜드에서 부유한 가정의 아홉 자녀 중 첫째로 태어났다. 그 당시 소녀들은 대학에 진학하거나 직업을 갖는 경우가 드물었다. 릴리안의 부모도 그녀가 부유한 남편과 결혼해서 전업주부로 살기를 바랐다. 그러나 릴리안은 부모님과 의견이 달랐고, 캘리포니아대학교에 진학해 교육학을 전공했다. 그녀는 영문학과 심리학에서 두각을 나타내며 1900년 졸업식에서 졸업생 대표로 연설하는 영예를 안았다.

1904년, 릴리안은 보스턴에 있는 건설 회사의 부유한 소유주인 프랭크 벙커 길브레스와 결혼했다. 이후 그녀는 남편의 사업에 도움이 되는 심리학 연구에 집중했다. 부부는 공장의 생산성 향상을 위해

길브레스는 공장의 효율성을 위해 시간 관리뿐만 아니라 도구와 기계를 표준화했다.

가장 효율적인 작업 방법을 찾으려 노력했고, 이때 이들이 보여준 통찰력으로 전 세계의 작업 관행은 바뀌게 되었다.

릴리안은 산업 관리 분야의 선구자였다. 그녀는 시간 관리뿐만 아니라 근로자의 복지도 생산성을 위해 중요하다는 것을 강조했다. 또 공장의 도구와 기계를 사용하기 쉽도록 표준화했다. 1913년부터 4년 동안 남편과 함께 여름 과학경영학교를 운영하며 이 아이디어를 가르쳤다. 1914년, 릴리안의 경영 아이디어가 담긴 〈경영심리학〉이 출간되었다. 그러나 여성의 이름으로 책을 내면 책의 권위가 떨어진다고 생각한 당시 출판사들은 책 제목에서 릴리안의 이름을 빼버렸다.

길브레스는 효율적인 부엌 동선을 고안해 가사 노동 시간을 줄였다.

1924년 여름, 남편 프랭크 벙커 길브레스는 갑작스러운 심장마비로 55세의 나이에 세상을 떠났다. 릴리안은 재혼하지 않고 남편과 함께 구상한 아이디어를 포기하지 않았다. 당시 공학계에 만연하던 남성우월주의적 분위기 때문에 릴리안은 업계에서 컨설턴트로 활동을 지속하기가 어려웠다. 그럼에도 그녀는 강의를 계속했다.

릴리안은 '가사 노동'이 시간 관리 개선이 필요한 새로운 분야라고 생각했다. 그녀는 가사 작업을 단순화해 소요 시간을 줄임으로써 가사 노동에서 해방된 여성들이 더 다양한 직업을 가지도록 하는 것을 목표로 했다. 1929년 여성 박람회에서 그녀는 시간 절약 기술을 포함하여 더 효율적인 부엌 동선을 소개했다. 릴리안이 구상한 아이디어에는 페달을 장착한 쓰레기통과 선반 달린 냉장고 문, 전기 깡통따개와 세탁기 폐수관이 있었다.

1930년대 대공황 당시 미국 후버 대통령은 실업률을 낮추기 위해 릴리안에게 자문을 구했고, 그녀는 '작업 공유' 제도를 만드는 데 성공했다. 이후 릴리안은 제2차 세계대전 동안 미국 정부에서 컨설턴트로 일하며 군사용 장비 공장을 개선하는 것을 도왔다.

1972년 1월 2일, 93세가 된 릴리안은 뇌졸중으로 미국 애리조나주 피닉스에서 생을 마감했다. 그녀는 23개의 명예 학위를 취득했으며 국가에 탁월한 공공서비스를 제공한 공로로 1966년에 후버상을 받았다. 릴리안은 산업의 생산성뿐만 아니라 노동자의 건강과 복지 증진에도 크게 공헌했다. 과거의 잘못된 산업 관행을 혁신적으로 바꾸는 데 영향을 미친 그녀는 오늘날 '세계에서 가장 위대한 여성 공학자'로 소개되고 있다.

"근로자의 정신 건강은 신체뿐만 아니라 일하고자 하는 욕구도 좌우한다."

〈경영심리학〉, 1914년

로버트 고다드

로버트 고다드는 모두가 불가능하다고 여겼던 액체 연료 동력 로켓을 제작해 최초로 발사한 물리학자다. 그는 '로켓의 아버지'라고 불리며 현대 로켓 과학의 선구자로 이름을 남겼다.

가장 위대한 업적

다단계 로켓
1914년

진공 실험
1915년

바주카포의 시초
1917년

최초의 로켓 발사
1926년

자이로스코프식 회전 장치
1932년

로켓 최고 고도 도달
1937년

로버트 고다드Robert Hutchings Goddard는 현대 로켓 연구 분야의 대표적인 선구자다. 그는 언론의 조롱에도 불구하고 액체 연료를 사용해 로켓을 발사하겠다는 꿈을 포기하지 않았다.

고다드는 1882년 10월 5일 미국 매사추세츠주 우스터에서 태어났다. 외판원이었던 아버지는 어릴 적부터 과학을 좋아하던 고다드에게 망원경과 현미경을 사주었다. 몸이 약한 아이였던 고다드는 주로 과학 잡지와 허버트 조지 웰스의 공상과학 소설을 읽으며 시간을 보냈다. 10대 때 그는 이미 연과 가스로 채워진 금속 풍선을 사용하여 실험을 했다.

1904년 고다드는 우스터 폴리테크닉 연구학원에 다니기 시작했다. 그곳에서 물리학 선생님에게 깊은 인상을 남겨 실험실 조교와 강사 자리를 제안받았다. 우스터 폴리테크닉 시절, 그의 풍부한 상상력이 만

로버트 고다드의 로켓 발사기, 1918년

로켓을 발사하는 데 성공한 로버트 고다드

고다드의 소형 로켓 넬

들어낸 아이디어 중 하나는 진공 튜브 안을 떠다니는 자동차를 타거나 전자기의 힘으로 이
동할 수 있는 미래의 모습이었다.

이후 고다드는 프린스턴대학교에서 물리학 박사 학위를 받았다. 대학에서 그는 항공기
안정화에 대한 자신의 아이디어들을 발표했다. 그의 이론은 현대적 발명품인 자이로스코프
(조종사가 방향을 측정하고 경로를 유지하는 데 도움이 되는 회전 장치)와 일치했다. 1909년

에는 로켓에 대한 아이디어를 발표했다. 그는 시험 결과, 로켓에 사용할 연료로 고체 연료보다 액체 연료가 더 효율적이라는 결론을 내렸다. 고다드는 연소를 돕는 산화제로 액체 산소와 함께 액체 수소를 사용하자고 제안했다.

고다드는 건강 악화로 휴식을 취하다 클라크대학교의 시간제 강사로 복귀했다. 덕분에 로켓 실험을 지속할 시간적 여유가 생겼다. 로켓이 우주의 진공 상태에서는 작동하지 않을 것이라는 가설에도 불구하고 고다드는 공기 없이도 추진력이 작동한다는 것을 증명했다. 1914년에 고다드는 다단계 로켓 설계와 액체 연료를 사용하는 로켓의 특허를 등록했다. 그는 이 두 가지 아이디어로 수십 년에 걸친 로켓 설계의 토대를 마련했다.

1917년 고다드는 스미스소니언협회의 지원을 받아 로켓 연구를 진행했다. 자신의 보고서 '극한의 고도에 도달하는 방법A Method of Reaching Extreme Altitudes'에 따른 것이었다. 제1차 세계대전 당시 고다드는 자신의 실험을 바탕으로 무기를 구상했다. 설계한 제품은 바주카포와 원리가 유사한 로켓 발사기였는데, 완성되기 전에 전쟁이 끝났다.

고다드는 자신이 살던 시대보다 몇 년 앞서 있었다. 1920년 그는 로켓에 접근 비행 카메라를 설치해 행성 촬영하기, 금속 디스크에 메시지를 새겨서 우주로 보내기, 태양 에너지로 우주선에 동력을 공급하기 등의 아이디어를 제안하는 편지를 스미스소니언협회에 보냈다.

이동식 가스 배출기는 고다드의 로켓이 궤도를 유지하는 데 도움을 주었다.

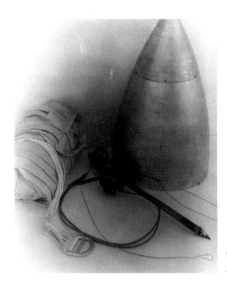

낙하산과
고다드가 만든 로켓의 윗부분

그러나 편지에 담긴 내용이 허황된 발상이라 여긴 언론은 '고다드는 로켓이 달에 도달할 수 있다고 생각한다'는 식의 제목으로 그를 조롱했다. 그 후로 고다드는 자신의 연구 진행 상황을 언론에 공개하지 않으려 했다. 그러나 동료 과학자와 공학자들은 군사 충돌에 대비한 몇몇 이론을 포함하여 그의 이론에 많은 관심을 가졌다.

1923년 11월 고다드는 성공적으로 액체 연료 엔진 실험을 완료했다. 수많은 시행착오 끝에 그는 최초의 액체 연료 로켓을 발사할 준비를 마쳤다. 1926년 3월 16일, 미국 매사추세츠주 오번에 있는 이모 소유의 눈 덮인 농장에서 고다드는 휘발유와 액체 산소를 연료로 하는 소형 로켓 '넬Nell'을 약 12.5m 상공으로 발사했다. 이 작은 사건이 로켓의 시대를 여는 계기가 되었다.

성공적인 로켓 발사에 이어 비행사 찰스 린드버그의 주선으로 고다드는 구겐하임 가문으로부터 상당한 자금을 지원받았다. 이제 그는 뉴멕시코주 로스웰에 있는 기지에서 직원을 고용하며 비행 시험을 지휘할 수 있었다. 1937년에 고다드가 발사한 액체 연료 로켓은 2.7km 이상의 고도까지 도달했다. 그는 연료 펌프와 자체 냉각 모터를 개선하고 회전 유도 시스템을 도입하는 등 지속적으로 로켓 설계를 보완했다.

제2차 세계대전 당시 고다드는 미국 동부 해안 지역인 메릴랜드에서 해군을 위한 제트 보조 이륙 장치 엔진을 개발했다. 이를 위해 로즈웰에 있는 자신의 기지는 포기해야 했다. 메릴랜드에서 지내는 동안 고다드의 건강은 쇠약해졌고, 1945년 8월 10일 후두암으로 세상을 떠났다. 언론의 조롱과 정부의 열악한 지원에도 불구

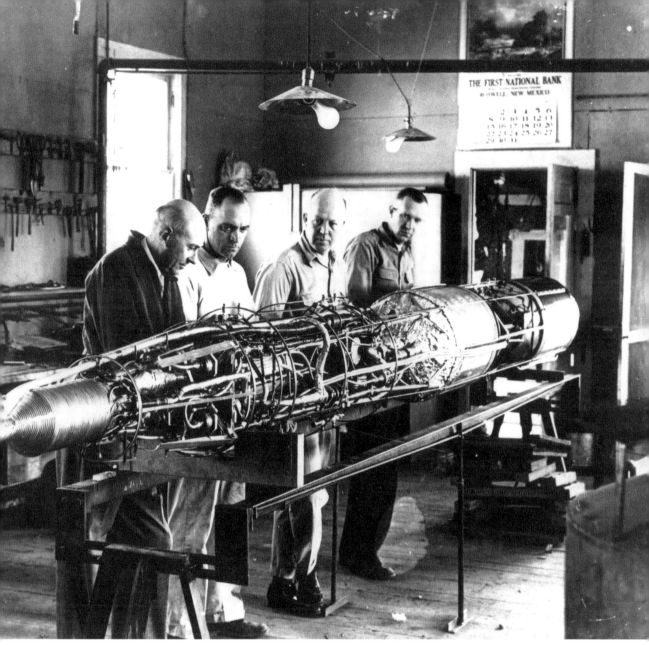

고다드는 뉴멕시코주 로스웰에서 직원을 고용해 로켓 설계를 할 수 있는 자금이 있었다.

하고 자신의 꿈을 실현한 고다드는 미사일 개발과 미국 우주 계획 분야의 사람들에게 커다란 영향을 미쳤다. 그를 기리기 위해 소행성과 달에 있는 분화구에 '고다드'라는 이름이 붙여졌다(1959년 5월 1일 설립된 최초의 미국항공우주국(NASA) 연구소의 이름도 '고다드 우주비행센터'다. – 옮긴이의 말).

"무엇이 불가능하다고 말하기는 어렵다. 어제의 꿈은 오늘의 희망이고,
 오늘의 희망은 내일의 현실이기 때문이다."   로버트 고다드

노라 스탠튼 바니

노라 스탠튼 바니는 뉴욕의 상수도 시스템을 획기적으로 개선한
토목공학자다. 미국토목공학회에 여성으로는 처음 가입한 그녀는
후대 여성 공학자들이 자기 분야에서 능력을 발휘할 수 있도록
길을 열어주었다.

가장 위대한 업적

**압력을 받은 파이프 속
모래와 물에 대한 실험적 연구**
논문, 1905년

토목공학 학위
미국에서 최초로 취득한 여성,
1905년

뉴욕 상수도 위원회
1906년

미국토목공학학회
최초의 여성 회원, 1906년

**뉴욕 캐츠킬 산맥의 저수지와
수도**
뉴욕 최초의 저수지와 수도, 1915년

여성정치연합
회장, 1915년

노라 스탠튼 바니Nora Stanton Barney는 공학자와 주부라는 갈림길
에서 공학자의 길을 선택했다. 그녀는 뉴욕 상수도 시스템을 성
공적으로 설계해서 미국에서 토목공학 학위를 취득한 최초의 여성이
라는 이례적인 영예를 안았다.

바니는 1883년 9월 30일 영국 베이싱스토크에서 태어났다. 영국인
인 아버지는 양조장 관리자였고, 미국인인 어머니와 할머니는 여성의
투표권을 주장하는 미국 참정권 운동가였다. 바니도 이들의 발자취를
따라 여성의 평등권을 위한 운동에 참여했다.

청소년 시절, 바니는 미국에 있는 호러스 만 학교에 다니며 수학 공
부에 열중했다. 그러다 여름 방학이 되면 가족이 사는 영국으로 돌아
오곤 했다. 1902년에 바니가 뉴욕에 위치한 코넬대학교에 입학하면
서 그녀의 가족은 미국으로 이주했다. 바니는 코넬대학교의 시블리 공
과대학에 합격한 최초의 여성이었다. 3년 후 그녀는 '압력을 받은 배
관의 모래와 물의 흐름에 대한 실험적 연구'라는 졸업논문으로 호평을
받으며 토목공학 학위를 취득했다.

바니는 아메리칸 브리지 회사에서 다리 설계와 지하철 터널 계획
을 담당하며 지상과 지하를 오갔다. 회사의 유일한 여성 직원이었지
만, 좋은 평가를 받으며 남성 동료들과 같은 급여를 보장받았다. 3개
월 만에 작업 책임자가 된 그녀는 9명의 남성을 이끌고 철강 공장을
방문했다. 이곳에서 노동자들이 낮은 임금을 받으며 착취당하는 모습
을 본 바니는 충격을 받고 이직을 결심한다. 아메리칸 브리지에서 일
을 한 지 9개월 후, 그녀는 상수도 위원회의 보조 엔지니어 시험에 합

격했다. 여기에서 그녀는 뉴욕 최초의 저수지와 캣스킬 산맥의 송수로관 건설 계획에 설계기술자로 참여했다.

바니는 컬럼비아대학교에서 수학과 전기를 더 공부한 후 무선 진공관을 발명한 리 디포리스트의 실험실에서 보조연구원으로 일했다. 그러다가 1908년에 그와 결혼했다. 남편에게는 없는 토목공학 학위가 바니에게는 있었다. 그러나 아내가 직업을 갖는 것이 못마땅했던 디포리스트는 바니가 자신의 축전기 공장에서 일하는 것을 반대했다. 그들은 딸을 낳은 지 1년 만에 헤어졌다.

노라 바니는 미국에서 토목공학 학위를 취득한 최초의 여성이다.

공학계에 복귀한 바니는 3년간 래들리 철강 건설회사에서 보조 공학자 및 설계사로 일하다가 1912년 뉴욕 공공서비스 위원회에서 엔지니어링 기술 감독과 철골 설계를 맡았다.

1915년 그녀는 여성정치연합Women's Political Union의 회장이 되었고, 여성의 평등권을 지지하는 캠페인과 간행물을 기획했다. 1919년 바니는 선박공학자인 모건 바넷과 재혼 후 미국 동북부의 그리니치로 이사했다.

바니는 뛰어난 능력에도 불구하고 남성 동료들과 동등한 대우를 받지 못했다. 그녀는 미국토목공학학회에 가입한 최초의 여성이었지만, 정식 회원은 아니었다. 미국토목공학학회는 1927년이 되어서야 여성에게 정회원 자격을 허용했다. 이들은 2015년에 바니를 특별 회원으로 승격했다.

1971년 1월 18일, 노라 스탠튼 바니는 그리니치에서 생을 마감했다. 2017년 뉴욕환경보호국은 뉴욕 상수도 시스템에 공헌한 그녀의 업적을 기리기 위해 3천만 달러에 달하는 터널 굴착 기계의 명칭을 '노라'로 정했다. 바니의 손녀 콜린 젠킨스는 명명식에서 "그녀의 삶이 그랬듯이 노라는 언제나 앞장서 나가고 새로운 영역을 개척했습니다."라고 소감을 말했다.

"그녀는 다른 여성들이 공학 분야에서 자신의 재능을 발휘하도록 길을 열어준 재능 있는 공학자였다."

뉴욕환경보호국 의원 빈센트 사피엔자, 2017년

올리브 데니스

올리브 데니스는 어릴 적 꿈이었던 공학자가 되기 위해 여성에게 막혀 있던 공학계의 장벽을 뛰어넘은 인물이다. 그녀는 공학 지식으로 철도 산업에 공헌함으로써 여성 공학자의 입지를 다졌다.

가장 위대한 업적

코넬대학교 공학 학위
코넬대학교에서 공학 학위를 받은 두 번째 여성
1920년

볼티모어-오하이오 철도의 공학 제도 담당자
1920년

미국 신시내티의 모든 열차 점검
1947년

20세기 초에는 여성이 공학 분야에서 일할 기회가 매우 적었다. 정식 교육기관에서 여성이 공학을 전공하는 것이 제도적으로 허용되지 않았고, 업계는 여전히 남성이 주도했다. 올리브 데니스Olive Dennis는 평생 지녀온 공학에 대한 열정으로 이러한 장애물을 극복한 강인한 여성이었다. 그녀는 철도공학에서 자신의 직업을 찾았고 미국 교통 분야에서 영향력 있는 인물이 되었다.

1885년, 필라델피아에서 태어난 올리브 데니스는 6세가 될 무렵 가족들과 볼티모어로 이사했다. 데니스는 어머니가 가르쳐주는 바느질보다 물건을 만드는 데 훨씬 더 관심이 많았다. 그녀는 인형을 가지고 노는 대신 아버지의 목공구를 사용해서 가구가 갖춰진 인형의 집을 만들었다. 아버지는 그런 데니스를 위해 크리스마스 선물로 공구 세트를 사주었다. 데니스는 공구를 가지고 움직이는 모형 전차를 만들어 남동생에게 주기도 했다. 그녀는 하굣길에 종종 건설 현장에 멈춰 서서 크레인과 기중기가 작동하는 모습을 바라보곤 했다. 이것이 공학에 관심이 더 커지게 된 첫 번째 계기였다.

재능 있는 학생이었던 데니스는 고등학교 졸업 후 미국 볼티모어에 있는 가우처대학교에 입학했다. 대학에서 수학과 과학을 전공해 수석으로 졸업한 후, 컬럼비아대학교에서 장학금을 받으며 수학과 천문학 석사 학위를 땄다. 20대 초반에 데니스는 워싱턴에 있는 매킨리수공예학교에서 수학을 가르쳤다. 그러나 공학자라는 어릴 적 꿈을 잊지 않고 여름방학 단기강좌를 들으며 측량과 토목을 공부했다. 그 무렵 남동생이 공학을 전공하게 됐다는 이야기를 듣고는 자신도 오랜 꿈을 좇을 때가 왔다고 생각했다.

1919년 데니스는 교사를 그만두고 구조공학을 공부하기 위해 코넬대학교에 입학했다. 2년제 학위 과정이었지만 데니스는 1년 만에 과정을 마쳤다. 그녀는 35세에 마침내 자격을 갖춘 엔지니어가 되었다. 졸업식에서 데니스가 학위를 받으려 하자 청중에 있던 한 남자가 "공학 분야에서 여성이 대체 무슨 일을 할 수 있단 말이지?"라며 가소롭다는 듯이 말했다. 데니스는 여성 엔지니어가 할 수 있는 일을 세상에 보여주겠다고 마음속으로 다짐했다.

마침내 그녀에게 기회가 찾아왔다. 볼티모어-오하이오 철도 회사에서 일자리를 구한 것이다. 비록 수습생이었지만, 이것이 앞으로의 30년 경력의 시작이었다. 처음에 데니스는 도면을 복사하는 일을 하며 시간을 보내다 1년이 지나서야 첫 번째 철교를 설계할 수 있었다. 이후 그녀에게 새로운 업무가 주어졌다. 기존 운송 수단과 치열한 경쟁을 벌이던 볼티모어-오하이오 철도에 더 많은 여성 승객을 유치할 수 있게 하는 것이었다. 이를 위해 데니스는 2년 동안 열차를 타고 구간을 오가며 방안을 생각했다. 첫해에만 무려 7만km 이상의 거리를 열차에서 보내며 그녀는 승객의 관점으로 개선 항목을 작성했다.

데니스는 공학 지식을 활용해 자신이 파악한 볼티모어-오하이오 철도의 문제점을 해결했다. 객차 안의 답답한 느낌을 해소하기 위해 환기 장치인 '데니스 환풍기'를 발명해 특허를 받았다. 1931년에는 세계 최초로 에어컨이 장착된 열차를 도입했다. 또한, 장거리 여행객의 편의를 위해 뒤로 젖혀지는 의자를 만들고, 좌석의 배치를 보다 인체공학적으로 변경했다.

획기적인 아이디어로 큰 호평을 얻은 데니스는 미국 신시내티에 있는 모든 열차를 점검하게 되었다. 그녀는 공기역학을 고려해 여러 아이디어를 구상했다. 이를 적용한 신형 열차가 1947년에 운행을 시작했다. 공기의 저항을 최소화한 그녀의 설계 덕분에 오래된 증기 기관차는 오늘날의 기차 모양인 날렵한 유선형으로 바뀔 수 있었다.

철도공학 분야에 업적을 세운 데니스는 1951년에 65세의 나이로 은퇴했고, 그로부터 6년 후 세상을 떠났다. 데니스는 오랫동안 공학 분야에 기여함으로써 후대의 여성 공학자들이 걸어갈 길을 개척했다.

올리브 데니스는 열차의 성능을 개선해 승객에게 편의를 제공했다.

"지금껏 여성 공학자가 없었다는 이유만으로 여성이 공학자가 될 수 없다고 하는 것은 말도 안 되는 변명이다."

올리브 데니스

나이토 타추

나이토 타추는 간토 대지진에도 무너지지 않은 건물을
설계해 내진 설계의 일인자로 꼽히는 건축가다. 우뚝 솟은
도쿄 타워는 일본의 상징적인 건물로 남아있다.

가장 위대한 업적

일본 산업은행 본점
도쿄, 1923년

나이토의 집
현재 나이토 박물관, 1926년

나고야 TV 타워
가장 오래된 TV 타워, 1954년

삿포로 TV 타워
1957년

도쿄 타워
50년간 일본에서 가장 높은 건물,
1958년

'타워의 아버지'라고 불리는 나이토 타추Naito Tachu는 일
본 최고의 건축가이자 공학자다. 그는 지진에 견딜 수
있는 견고한 건물과 멋진 철탑들을 설계해 내진 설계의 교과
서가 되었다. 그의 설계 아이디어는 지진이 자주 발생하는 전
세계 여러 나라의 건축 방식에 큰 영향을 미쳤다.

나이토 타추는 1886년 6월 12일 일본 나카코마의 사카키
마을에서 태어났다. 나이토는 도쿄대학교에서 조선공학을 공
부하다가 1905년, 러일 전쟁 이후 일본의 선박 산업이 쇠퇴하
자 전공을 건축으로 바꾸었다.

나이토가 대학 생활을 시작한 것은 대지진으로 미국 샌프
란시스코 대부분이 파괴된 지 1년쯤 지났을 무렵이었다. 일
본 역시 환태평양 지진대인 '불의 고리'에 속해있어 지진이
자주 발생했다. 나이토는 건축물이 지진을 견뎌낼 수 있도
록 내진 설계를 연구했고, '내진 골조 건축'이라는 논문을 발
표했다. 대학에 다니는 동안 나이토는 존경받는 공학자 사노
리키로 교수로부터 주머니에 들어갈 만한 크기의 계산자를
선물로 받았다. 나이토는 건축 설계를 하는 내내 이 자를 사
용했다.

1912년 나이토는 와세다대학교의 구조공학 교수가 되었
다. 그는 지진에 대비한 여러 건축 방법을 알아보기 위해 전
세계를 돌아다니며 연구했다. 마땅한 건축 방식을 찾지 못하
던 중, 기차 안에서 우연히 그 해결책을 발견했다.

나고야 TV 타워

나이토는 1917년부터 1년 동안 기차를 타고 미국 횡단 여행을 했다. 어느 날 기차가 급정거하면서 선반에 놓아두었던 트렁크에 큰 충격이 가해졌다. 두 개의 트렁크 중 짐을 더 많이 넣기 위해 칸막이를 빼냈던 것은 외관이 부서져 있었지만, 칸막이를 그대로 둔 트렁크는 멀쩡했다(이 트렁크를 아들에게 물려주었는데, 지금은 '나이토 타추 박물관'이 된 나이토의 집에 전시 중이다). 이를 본 나이토는 칸막이가 내진 설계의 열쇠라는 것을 깨달았다. 그는 곧 건물 내에 철근 콘크리트로 만든 내진 벽체를 세우는 방법을 구상했다. 이 벽은 기둥과 바닥을 지탱해주었고, 이로써 좌우로 가해지는 지진의 충격에도 건물이 견고할 수 있었다.

1923년 나이토가 고안한 이 설계는 가부키 극장, 지트구교 빌딩, 30m 높이의 일본 산업은행 본점 건설에 적용되었다. 3개의 건물이 완공된 지 3개월 후 간토 대지진이 발생했다. 도시가 붕괴되고 수많은 사상자를 낸 규모 7.9의 이 지진은 당시 일본 역사상 가장 파괴적인 지진이었다. 약 70만 채의 건물이 무너지고 부서졌는데 놀랍게도 나이토가 설계한 건물 3채는 아무런 손상을 입지 않았다.

이 사례로 나이토는 자신의 이론이 옳았다는 것을 입증했다. 이후 그는 지진이 발생하기 쉬운 국가의 건축가들과 이 내진 설계 이론을 공유했다. 1926년에 나이토는 자신의 집을 설계할 때도 이 내진 이론를 적용했다. 그러나 나이토의 이름이 가장 잘 알려진 분야는 타워였다.

삿포로 TV 타워

1925년부터 나이토는 높이가 55m 이상인 수십 개의 라디오 타워를 설계했다. 여기에는 현재 일본에서 가장 오래된 TV 타워인 180m 높이의 '나고야 TV 타워(영화 〈고질라〉에 무너지는 장면이 나와 유명하다)'도 있다. 147m 높이의 '삿포로 TV 타워'와 오사카에 있는 '천국에 도달하는 탑'인 103m 높이의 쓰텐카쿠도 그가 설계했다. 나이토의 수많은 업적 중에서도 말 그대로 가장 우뚝 솟은 타워는 도쿄의 랜드마크인 '도쿄 타워'다. 333m 높이의 도쿄 타워는 파리의 에펠탑보다 9m 더 높지만 무게는 절반밖에 안 된다. 도쿄 타워는 2010년까지 일본에서 가장 높은 구조물이었다.

말년에 나이토는 1956년에 완공된 영국의 '칼더 홀 원자로'를 포함하여 원자력 발전소 건설 계획에도 참여했다. 그는 와세다대학에서 과학기술대학장을 지내다가 1957년에 은퇴했다. 1964년에는 국가에서 주는 훈장을 받았다.

나이토 타추는 1970년 8월 25일 도쿄에서 생을 마감했다. 과거에는 학생들이 나이토 기념관에 후원금을 내기도 하면서 그의 업적을 기렸다. 그러나 그의 가장 큰 기념비는 나이토가 내진 설계를 공유해준 덕분에 대재앙에서 살아남은 일본을 비롯한 전 세계 지진 취약 국가들의 건물 숫자라고 할 수 있을 것이다.

"그의 죽음은 지진 공학에 있어서 어떤 한 시대가 끝났음을 의미한다."
조지 하우스너, 제5차 세계지진공학학회에서, 1970년

도쿄 타워

베레나 홈즈

베레나 홈즈는 두 차례의 세계대전을 겪는 동안 다양한 발명품을 제작해 세계에서 인정받은 여성 공학자다. 여성공학협회 창립자로서 그녀는 여성 공학자들이 꿈을 펼칠 수 있는 발판을 마련했다.

가장 위대한 업적

기계공학회
최초의 여성 회원, 1924년

여성기술서비스 등록처
여성 군수 노동자 지원, 1942년

홈즈 앤 레더
여성을 위한 공학 회사 설립, 1946년

어린 시절부터 열심히 공학 공부를 하던 베레나 홈즈Verena Holmes는 두 차례의 세계대전에서 자신의 재능이 빛을 발할 기회를 찾았다. 여성공학협회의 창립자이기도 한 그녀는 자신이 설립한 회사에 여성을 고용하면서 많은 여성이 공학 분야에서 경력을 쌓도록 도왔다.

베레나 홈즈는 1889년 6월 23일 영국 켄트주 애시퍼드에서 중학교 장학사의 딸로 태어났다. 그녀는 어릴 적부터 장난감 인형을 분해하고 조립하며 물건이 어떻게 만들어지는지 알고 싶어 했다. 홈즈는 옥스퍼드 여자고등학교를 졸업한 후 사진작가로 일했다. 제1차 세계대전이 발발하고 젊은 남성들이 전쟁터에 파견되자, 남성들만 일하던 분야에 여성 노동력이 필요해졌다. 공학에 관심이 많았던 홈즈는 프로펠러 회사에서 목재로 된 항공기 프로펠러를 제작했고, 야간에는 런던 동부에 있는 쇼디치 기술연구소에서 수업을 들었다.

영국 링컨으로 이사한 홈즈는 산업용 엔진 제조업체에서 약 1,500명의 여성 직원을 감독하는 일을 하면서 학업을 병행했다. 또한, 회사 내에 있는 조립 공장에서 일을 배우며 선반공으로서의 경력을 쌓았다. 전쟁이 끝나고 남성들이 직장으로 복귀하자 많은 여성들이 가정으로 돌아가야 했다. 그러나 홈즈는 직업을 그대로 유지하며 1919년까지 전문적으로 도면을 그리는 제도사 수습 과정을 마쳤다. 같은 해에 그녀는 여성공학학회를 설립해 여성들이 더 많은 공학 분야에서 일할 수 있도록 했다.

1922년 홈즈는 러프버러공과대학에서 공학 학위를 받았다. 2년 후 그녀는 여성 최초로 기계공학회의 준회원으로 초빙되었다. 대학에서 300명의 남성과 공학을 공부하는 여성은 홈즈를 포함해 단 세 명뿐이

결핵 환자를 위한 인공 기흉 장치

었다. 이 중 자동차공학 학위를 받은 클라우디아와 평생 친구가 되었다. 졸업 후 한동안 미국의 해양공학 회사에서 기술 저널리스트로 일하다가 1925년부터 해양 및 기관차 공학을 전문으로 하는 공학 컨설팅 사업을 시작했다. 이 무렵 결핵 환자를 치료하기 위한 인공 기흉 장치를 비롯해 외과 의사의 헤드램프, 흡입기, 증기 기관차 및 내연 기관용 가스 밸브 등 여러 발명품을 만들어 특허를 받았다.

제2차 세계대전이 발발하면서 홈즈는 어뢰와 엔진 과급기, 기타 무기 기술용 회전식 자이로 밸브 등 영국 해군용 무기를 개발하는 주요 책임을 맡았다. 무기 생산을 위해 그녀는 노동부 장관에게 여성 군수 노동자를 훈련시켜 투입하자는 제안을 했다. 영국 노동

홈즈는 영국 해군 무기를 개발하는 책임을 맡았다.

부는 1940년부터 1944년까지 그녀를 기술 책임자로 임명했고, 1942년에 여성기술서비스 등록처를 설립했다.

전쟁이 끝나고 홈즈는 1946년에 동료 실라 레더와 함께 '홈즈 앤 레더Holmes and Leather' 라는 회사를 설립했다. 이들은 런던 켄트주에 있는 회사 부속 금속 절단기 공장에 여성들만 고용했다. 이 회사의 많은 성과 중 하나는 학교에서 아이들이 종이나 카드를 안전하게 사용 할 수 있도록 한 종이 절단기 보호장치 디자인이었다.

홈즈는 여성이 마음껏 공학 교육을 받도록 하는 데 평생을 바쳤다. 그녀는 1964년 2월 20일 세상을 떠났다. 5년 후 그녀가 설립한 여성공학학회는 홈즈가 유산으로 남긴 1,000파 운드로 '어린이들을 위한 베레나 홈즈 강의 시리즈'를 기획했다. 이 연례 강의는 40년 동안 계속되며 자라나는 많은 어린이들에게 공학자의 꿈을 심어주었다.

"그녀가 오랫동안 쌓아온 공로는 지금에서야 인정받았다."   클라우디아 파슨스

홈즈는 공학 회사를 설립해 여성들을 고용했다.

이고르 시코르스키

이고르 시코르스키는 헬리콥터를 개발해 최초로 실용화에 성공한
인물이다. 수많은 실패에도 굴하지 않은 그의 집념 덕분에 우리는
지금 하늘을 날아다니는 혜택을 누리고 있다.

가장 위대한 업적

S-2
첫 번째 복엽기, 1910년

S-5
두 번째 복엽기, 1911년

그랜드
최초의 4개 엔진 장착 항공기,
1913년

S-29-A
최초의 쌍발 항공기, 1924년

아메리칸 클리퍼
수상 항공기, 1934년

VS-300
오늘날 헬리콥터의 기원, 1939년

R-4
세계 최초 양산형 헬리콥터,
1942년

러시아계 미국인 이고르 시코르스키Igor Sikorsky는 헬리콥터를 개
발한 항공공학자이자 테스트 파일럿이다.

1889년 5월 25일, 러시아의 키예프(현재는 우크라이나 키이우) 지
역에서 태어난 시코르스키는 어릴 때부터 항공에 관심이 많았다. 심리
학 교수인 아버지와 의사인 어머니는 그를 지지하고 격려해 주었다.

미술 애호가인 그의 어머니는 특히 레오나르도 다빈치의 작품을 좋
아했다. 그런 어머니의 영향으로 시코르스키는 다빈치가 초기 헬리콥
터(53쪽 참조)를 포함해 비행 기계를 정교하게 구상했다는 것을 알았
다. 여기에서 영감을 받아 시코르스키는 고무줄로 구동되는 작은 헬리
콥터를 만들었다.

시코르스키의 첫 번째 항공기 S-29-A

시제품 헬리콥터 H-2 옆에 서 있는 시코르스키

14세가 된 시코르스키는 상트페테르부르크 해군사관학교에 입학했지만, 공학자가 되기로 마음을 먹고 3년 후에 학교를 그만두었다. 1907년 그는 키예프공과대학의 기계과에서 공부를 시작했다. 시코르스키는 1908년 여름 내내 아버지와 유럽 전역을 여행했다. 이때 라이트 형제의 비행기(158쪽 참조)와 페르디난트 폰 체펠린의 비행선이 비행에 성공했다는 소식을 들었다. 시코르스키는 자신도 하늘을 나는 것에 도전해보겠다고 결심했다.

1909년부터 시코르스키는 25마력의 경량 엔진과 수평 프로펠러를 사용해서 첫 번째 헬리콥터를 설계했다. 그러나 자료의 한계와 부족한 자금 때문에 헬리콥터를 완성하려면 몇 년의 시간이 더 필요했다. 이 시점에서 시코르스키는 두 개의 날개가 겹친 채로 고정된 항공기인 복엽기로 관심을 돌렸다. 1910년 6월 3일, 시코르스키가 만든 첫 번째 복엽기 'S-2'가 잠깐 동안 이륙에 성공했다. 약간의 조정 후 S-2는 최대 24m의 고도까지 비행했지만, 갑자기 작동을 멈춰 협곡으로 추락했다. 이러한 실패에도 굴하지 않고 그는 계속해서 디자인을 개선했다. 시코르스키의 두 번째 복엽기 'S-5'는 한 시간 이상 공중에 떠 있는 게 가능했다. 이제 그는 조종사 면허를 취득하기에 충분한 경험을 갖게 되었다.

시험 비행에서 모기가 연료관을 막아 'S-6' 항공기가 불시착한 사건이 발생한 이후, 시코르스키는 향후 설계에 둘 이상의 엔진을 사용하기로 했다. 4개의 엔진을 장착해 만든 '그랜드'는 조종석 뒤에 승객용 객실이 있는 대형 복엽기였다. 1913년에 러시아 황제 니콜라

시코르스키가 제작한 최초의 4개 엔진 장착 항공기 그랜드

스 2세가 이 대형 복엽기의 첫 비행을 보러 왔다. 그랜드는 4개의 엔진과 밀폐된 객실을 포함한 최초의 비행기일 뿐만 아니라 미래의 상업용 비행기의 본보기였다. 시코르스키의 4발 엔진 그랜드는 폭격기로 개조되어 제1차 세계대전에 사용되기도 했다.

제1차 세계대전이 끝나고 러시아 내전과 혁명이 휩쓸고 지나간 후, 시코르스키는 보다 발전된 항공 기술을 배우기 위해 1919년에 미국으로 유학을 떠났다. 미국에서 그가 본격적으로 항공기 설계에 뛰어들기까지는 몇 년이 더 걸렸다. 마침내 1923년에 시코르스키는 전직 러시아군 장교들의 도움으로 뉴욕 루스벨트에 시코르스키 항공 엔지니어링 회사를 설립했다. 1924년에는 러시아 작곡가 라흐마니노프로부터 재정적 지원을 받아 두 개의 엔진이

장착된 쌍발 항공기 'S-29-A'를 생산했다. 최초로 미국 상공을 난 이 쌍발 항공기는 14명의 승객을 태우고 185km/h의 속도로 비행했다.

1926년에는 대서양을 횡단하는 수상 비행기를 설계했다. 그러나 시제품이 활주로를 벗어나 화염에 휩싸여버리며 작업은 실패로 돌아갔다. 사업을 계속하기 위해 고군분투하던 시코르스키는 육지와 물 위에서 이착륙이 모두 가능한 수륙양용 항공기 제작을 시작했다. 팬아메리칸 항공사가 중남미 노선에 이 수륙양용 항공기를 사용하면서 시코르스키는 큰 성공을 거두었다. 그는 미국 북동부 스트랫퍼드에 새로운 항공기 제조 공장을 세우고 유나이티드 항공운송 회사와 계약을 체결했다. 이 무렵 미국 시민권을 얻은 시코르스키는 1934년

자신의 시제품 항공기 조종석에 앉아 있는 시코르스키

세계 최초 양산형 헬리콥터 R-4

에 대서양을 횡단하는 대형 수상 항공기인 '아메리칸 클리퍼'를 개발했다. 그리고 나서 시코르스키는 다시 헬리콥터 개발에 전념했다.

그는 1929년부터 6년간 '직행 양력 항공기'를 연구하며 여러 특허를 출원했다. 그리고 1939년 9월 14일, 'VS-300'의 시험 비행을 성공적으로 마쳤다. VS-300은 양력을 위해 중앙에 메인 프로펠러가 달려있고, 회전력에 대항하기 위해 꼬리에 작은 프로펠러가 부착된 것이 특징이었다. VS-300으로 사업이 크게 번창한 덕분에 그는 1942년에 세계 최초로 대량 생산이 가능한 양산형 헬리콥디인 'R-4'를 출시했다.

시코르스키는 1972년 10월 26일 미국 북동부 이스턴에 있는 자택에서 생을 마감했다. 그는 어릴 적 보았던 레오나르도 다빈치의 항공기 스케치를 현실로 바꾸겠다는 꿈을 이루었다. 수많은 복엽기와 비행선을 설계해 성공을 거두었지만, 시코르스키라는 이름은 여전히 헬리콥터와 동의어로 남아있다.

"만약 당신이 어딘가에서 사고를 당했다면, 비행기는 당신 머리 위로 날아가서
 꽃을 뿌려줄 수 있을 것이다. 그러나 헬리콥터는 당신이 있는 곳에 착륙해서
 당신의 생명을 구할 수 있다."
이고르 시코르스키

리처드 버크민스터 풀러

풀러는 경이로운 돔 모형의 건축물을 설계해 사람들을 놀라게 했다. 급진적인 생각과 공상에서 나온 발상은 여러 번 실패하기도 했지만, 누구도 그의 도전을 막을 수는 없었다.

가장 위대한 업적

목책 구조 공법
1927년

다이맥시온 하우스
1930년

다이맥시온 자동차
1933년

최초의 지오데식 돔
1949년

몬트리올 바이오스피어
1967년

미국 공학자이자 발명가인 리처드 버크민스터 풀러Richard Buckminster Fuller는 이전의 천재 학자들처럼 어느 면에서는 철학자이기도 했다. 그는 고대의 공학 구조를 재창조해 지오데식 돔Geodesic Dome을 고안한 사람으로 유명하다. 풀러는 기존에 없던 새로운 것을 창조하고 싶어 했다. 공학자인 그는 철학과 인문주의적 관점이 기술로 미래를 바꾸는 데 얼마나 중요한 영향을 끼치는지 알고 있었다. 그의 아이디어와 이론은 지오데식 돔만큼이나 중요한 공학적 유산이다.

풀러는 1895년 미국 매사추세츠주 밀턴에서 태어났다. 그의 집안은 자유사상을 가진 뉴잉글랜드의 전통 있는 가문이었다. 풀러는 매우 영리한 학생이었지만 관행을 따르지 않으려는 성격 때문에 하버드대학교에서 퇴학당했다. 그는 제분소에서 정비공으로 일하는 등 다양한 직업을 거쳤다. 풀러는 제1차 세계대전 때 미 해군에서 구조선을 지휘하는 무선통신사로 일했다. 여기에서 그는 배에서 추락한 조종사들을 끌어올리는 윈치를 설계함으로써 발명가로서의 재능을 보여주었다.

1917년 풀러는 앤 휴렛과 결혼한 후 건축가였던 장인 제임스 휴렛과 사업을 시작했다. 휴렛은 주택 건설에 적용할 새로운 모듈 시스템을 설계했다. 이 조립식 주택은 대팻밥을 압축해서 만든 속이 빈 형태의 나무 블록으로 조립되었고, 블록 사이사이에 콘크리트를 부어 구조를 고정했다. 풀러는 이 목책 구조 공법으로 수백 채의 집을 지었으나 1927년 사업은 결국 실패로 돌아갔다. 5년 전, 세 살짜리 딸의 죽음으로 우울증을 앓았던 그는 재정적으로 파산 위기에 처하자 증세가 더

다이맥시온 하우스

심해졌고, 자살을 생각하기까지 했다.

그러나 풀러에게는 삶을 인류에 바치도록 이끄는 비전이 있었다. 이것이 그의 회복에 도움이 되었다. 이후 풀러는 기술로 어떻게 사람들을 도울 수 있을지 고민하며 더 큰 그림을 보기 시작했다. 그는 '저렴하면서도 대량 생산이 가능한 주택'이라는 새로운 개념을 생각했다. 그는 물 저장고와 자연 환기시스템, 위생 시설을 갖춘 미래 지향적인 주택을 설계했다.

그것을 '다이맥시온 하우스Dymaxion House'라고 이름 붙였다. 다이맥시온 하우스는 자전거 바퀴처럼 알루미늄으로 된 내부 버팀대가 있는 구조라 그 자리에서 쉽게 들 수 있을 정도로 가벼웠다.

혁신적인 발상임에도 불구하고 다이맥시온 하우스는 인기를 끌지 못했다. 그러나 자급 주택Autonomous House에 대한 생각은 그의 머릿속을 떠나지 않았고, 이는 나중에 '에코하우스'를 설계할 원동력이 되었다. 풀러가 설계한 또 다른 주택인 물결 모양의 강철로 만든 조립식 원형 오두막은 더 성공적이었다. 제2차 세계대전 중 주택 공급 부족을 해소하기 위해 제작된 그의 다이맥시온 유닛은 미국에 100채 이상 팔렸다.

1930년대 초에 풀러는 슈퍼 유선형 3륜 '다이맥시온 자동차Dymaxion Car'라는 미래형 차량을 설계했다. 그러나 1933년 시카고 세계박람회에서 시제품 운행 중 발생한 치명적인 충돌 사고로 풀러의 발명품에 관심을 보였던 업체는 모두 떠나버렸다.

1949년 풀러는 지오데식 돔을 처음 건설했다. 사실 이 개념은 이미 독일 공학자 발터 바우어스펠트가 처음 개발해 1922년에 플라네타리움으로 특허를 받았지만, 그 잠재력을 완벽히 실현한 사람은 풀러였다. 전통적인 돔은 압축을 가함으로써 견고한 지지벽으로 하중을 분산시키는 형태로 지어졌다. 지지대가 견딜 수 있는 무게가 한정적이기 때문에 돔의 크기

다이맥시온 자동차

몬트리올 바이오스피어

에도 한계가 있었다. 반면, 지오데식 돔은 본질적으로 삼각형 단위의 격자 구조로 만들어진 반구로, 돔에 가해지는 힘이 구조물 전체에 고르게 분산되어 돔을 크게 만드는 것이 가능했다. 전통적인 돔에 비해 지오데식 돔은 '더 적은 것으로 더 많은 것을 가능케 한다'는 경제성의 원칙에 맞는 발명품이었다. 이는 최소한의 에너지와 재료로 최대한 많은 사람에게 이익을 제공하겠다는 풀러의 철학과 맞닿아 있었다. 풀러는 지오데식 돔에 대한 미국 특허를 취득하고, '몬트리올 바이오스피어'를 비롯한 수많은 돔을 건설했다. 몬트리올 바이오스피어는 1967년 캐나다 세계박람회에서 미국관으로 선보인 이후 환경전문박물관으로 활용되며 오늘날 몬트리올의 상징이 되었다.

풀러는 지오데식 돔 건축 방식을 주택 건설에도 적용하려 했으나 미래 도시에 대한 꿈은 도면에서 그친 채 더 나아가지 못했다. 그러나 풀러의 지오데식 돔과 멋진 발상들은 많은 사람에게 영향을 미쳤다.

"모든 건물은 압축의 힘으로 하중을 분산시키도록 지어졌다.
그러나 나는 그 반대인 장력을 이용해 지오데식 돔을 건설했다."

리처드 버크민스터 풀러, 1975년

이름가르드
플뤼게 로츠

스탠퍼드대학교의 첫 여성 공학 교수인 플뤼게 로츠는 여성에게 차별적이었던 공학계에서 꿋꿋하게 자신의 역량을 펼쳤다. 훗날 업적을 인정받은 그녀는 과학 기술에 큰 발전을 가져온 35명의 공학 영웅 중 한 명으로 선정되었다.

가장 위대한 업적

로츠의 방법론
날개 양력 계산, 1931년

공학 교수
스탠퍼드대학교의
첫 여성 공학 교수, 1961년

독일계 미국인 이름가르드 플뤼게 로츠Irmgard Flüge Lotz는 항공기 제작에 도움이 되는 계산법을 발견한 기체역학 공학자다. 그녀는 스탠퍼드대학교의 첫 여성 공학 교수이기도 했다.

1903년 7월 16일 독일 하멜린에서 태어난 로츠는 수학에 일찍이 재능을 보였다. 저널리스트의 딸이자 건설업체의 상속인인 로츠는 부모님의 격려를 받으며 기술에 대한 관심을 키웠다. 제1차 세계대전 때 아버지가 군대에 징집되자 하노버고등학교에 다니던 그녀는 수학과 라틴어를 가르치는 가정교사로 일하며 가족을 부양했다. 1923년 로츠는 하노버에 있는 라이프니츠대학교에 입학해 수학과 공학을 전공했고, 6년 뒤 박사 학위를 취득했다. 그녀는 과에서 거의 유일한 여성이었다.

로츠는 괴팅겐에 있는 항공연구회사에서 신입 공학자로 일했다. 그녀는 수년 동안 선배들과 동료들이 풀지 못한 수학 문제에 해결책을 제시했다. '로츠의 방법론'이라 불린 로츠의 계산법 덕분에 공학자들은 비행기 날개 위의 양력 분포를 더 쉽게 계산할 수 있었다. '로츠의 방법론'으로 자신의 가치를 입증한 로츠는 비공식이긴 했지만 심화 연구 프로그램을 설계하는 책임자로 승진했다.

스탠퍼드대학교 첫 여성 공학 교수, 플뤼게 로츠

1938년에 로츠는 토목 기사인 빌헬름 플뤼게와 결혼했다. 당시 독일에서 아돌프 히틀러의 나치당이 집권하자 반나치 입장이었던 로츠의 남편은 직장에서 승진하지 못했다. 비슷한 시기에 로츠도 단지 여성이라는 이유만으로 연구 교수직을 거부당해 좌절감을 느꼈다. 이들은 괴팅겐을 떠나 수도인 베를린으로 이사했고, 그곳에서 독일항공우주센터의 기체역학 컨설턴트가 되었다. 그러나 이사한 지 얼마 되지 않아 곧 전쟁이 터졌다. 1944년 연합군의 폭격이 이어지자 로츠 부부는 동료들과 함께 베를린을 떠나 독일 남부 도시 사울가우로 피신했다. 전쟁이 끝난 후 사울가우는 프랑스의 지배를 받게 되었고, 로츠 부부는 프랑스의 항공학 연구 프로그램을 돕게 되었다. 이들은 1947년 파리로 이주해 프랑스 국립항공우주국에 합류했고, 이곳에서 로츠는 자동제어 이론 연구 책임자로 일했다.

1년 후 로츠 부부는 미국으로 건너가 스탠퍼드대학교에서 강의를 했다. 남편은 교수 신분이 되었지만, 부부 모두에게 교수 직위를 줄 수 없다는 대학의 낡은 방침 때문에 로츠는 강사로 남을 수밖에 없었다. 공식 직함이 없었음에도 불구하고 로츠는 스탠퍼드대학교에서 연구 프로젝트를 주도하고 세미나를 운영하며 항공역학 이론을 주제로 논문을 쓰는 학생들을 지도했다. 1949년에 그녀는 처음으로 스탠퍼드대학교의 정규수업을 맡아 학생들을 가르쳤고, 대학원생을 위한 수학적 유체 및 항공역학 강의도 진행했다. 로츠는 유체역학, 수치적 방법 및 자동제어 분야에 지속적으로 관심을 가졌다. 그녀는 학생들에게 탐구에 대한 동기 부여를 제공하는 사람이었다. 로츠는 정기적으로 비공식 연구회를 조직해 학생들을 집으로 초대했다.

1960년 로츠는 모스크바에서 열린 제1회 국제자동제어연합 회의에서 참가했는데, 미국의 유일한 여성 대표였으며 참가한 교수 그룹 중 유일하게 강사 신분이었다. 다음 학기에 그녀가 스탠퍼드대학교의 첫 여성 공학 교수로 임명되고 나서야 마침내 이런 차별들이 사라졌다.

로츠는 1968년에 은퇴했지만, 연구원으로 활동하며 위성 제어 시스템과 고속 차량의 열 전달 및 항력을 연구했다. 1970년에 그녀는 미국항공우주학회의 연구원으로 선출되었다. 그러나 은퇴 후부터 관절염으로 고생하던 로츠는 오랜 투병 끝에 1974년 5월 22일 캘리포니아 팔로알토에서 생을 마감했다. 그녀는 살아생전 50편 이상의 논문을 발표했고 두 권의 책을 저술했다. 로츠의 끈기와 수학적 전문 지식은 항공역학 분야에 큰 발전을 가져왔다. 그녀가 세상을 떠난 지 40년 후 스탠퍼드대학교는 로츠에게 경의를 표하며 기술과 과학에서 큰 발전을 가져온 35명의 공학 영웅에 그녀의 이름을 올렸다.

"나는 따분하지 않은 삶을 원했다.
 그것은 언제나 새로운 것들이 일어나는 삶을 의미한다."

이름가르드 플뤼게 로츠

프랭크 휘틀

프랭크 휘틀은 터보제트 엔진을 개발해 영국 최초의 제트기를 만든
인물이다. 유일한 관심사였던 비행기에 모든 것을 쏟아부은 그의
집념 덕분에 오늘날 우리는 빠르고 편리한 항공 운송의 혜택을
누리고 있다.

가장 위대한 업적

터보제트 엔진 특허
1930년

글로스터 E.28/39
영국 최초의 제트기, 1941년

글로스터 미티어 제트기 운행
1944년

오늘날 제트기가 하늘을 가로질러 날아다닐 수 있는 건 영국의 공
학자 프랭크 휘틀과 독일의 공학자 한스 폰 오하인의 선구적인
작업 덕분이다. 이들은 제2차 세계대전 당시 서로 적대적이었던 영국
과 독일에서 각각 제트 엔진을 개발함으로써 두 국가의 경쟁을 가속시
켰다.

영국의 공학자 프랭크 휘틀Frank Whittle은 비행기에 제트 추진 가스
터빈 엔진을 사용하는 아이디어를 최초로 고안했다. 그는 1930년에
특허를 받은 후 1937년 4월 12일 지상에서의 엔진 테스트를 성공적으
로 마쳤다. 그러나 영국 공군성의 소극적인 지원 때문에 휘틀은 자신
의 터보제트 엔진으로 구동되는 비행기를 개발하지 못했다. 그러는 사
이, 독일의 공학자 폰 오하인이 터보제트 엔진으로 구동되는 비행기
를 제작하고 비행한 최초의 사람으로 기록되었다. 폰 오하인이 개발한
터보제트 엔진은 1939년 8월 27일 세계 최초의 제트기인 '하인켈 헤
178Heinkel He 178'에 동력을 제공했다.

휘틀의 업적은 그의 공학적 재능과 끈기 덕분에 이룰 수 있었다. 영
국 코번트리의 노동자 가정에서 태어난 그는 어릴 때부터 모형 비행기
를 만들며 비행에 대한 꿈을 키웠다. 소년 시절에 그는 공작 기계 공장
의 감독인 아버지를 도우면서 공학 지식을 습득했다. 휘틀은 똑똑했지
만 학교에서 배우는 것에는 전혀 흥미가 없었다. 비행기와 관련된 주
제만이 그에게 상상력을 불러일으켰다. 그는 공공 도서관에서 비행과
관련된 책을 탐독하며 터빈, 엔진역학 및 비행 이론을 독학했다.

학교를 졸업한 뒤 휘틀은 조종사가 되기로 결심했다. 그는 조종사
수습생 과정에 지원하기 위해 크린웰에 있는 RAF대학교에 입학 지원

휘틀의 제트 추진 기관

글로스터 E.28/39

을 했지만, 체격이 기준보다 미달이라는 이유로 거부되었다. 그를 안타깝게 지켜본 RAF대학 체육 강사의 조언에 따라 엄격한 식단과 운동 프로그램을 실천한 끝에, 휘틀은 키가 3인치나 늘어났다고 주장하며 다시 입학 지원서를 냈다. 하지만 또 다시 받아들여지지 않았다. 조종사의 꿈을 포기할 수 없었던 그는 이번에는 이름을 약간 바꿔서 지원을 했고, 결국 합격했다.

휘틀이 비행기에 적용할 엔진으로 가스 터빈을 생각하게 된 것은 크린웰에서 수습생으로 있을 때였다. 1928년, 21살이던 그는 '항공기 설계와 미래 개발'이라는 논문으로 터보제트의 이론적 토대를 마련했다. 조종사였던 휘틀은 기존에 있던 피스톤 엔진 비행기의 한계를 잘 알고 있었다. 그는 터빈 엔진이 공기 저항이 줄어든 높은 고도와 프로펠러가 견딜 수 있는 속도보다 빠른 속도에서 더 잘 작동한다는 사실에 착안했다. 제트 추진과 가스 터빈 엔진의 원리는 이미 잘 알려져 있었지만, 휘틀은 이를 새로운 방식으로 결합해 문제를 해결했다.

휘틀의 터보제트 엔진 설계에는 전면에 팬 모양의 압축기가 있었다. 압축기는 링을 통해 산소를 흡입했고, 이후 연소실에서 연료와 함께 혼합과 연소 과정을 거친 후 배기가스를 배출하면서 추력을 생성해 터빈을 회전시켰다. 터빈은 압축기와 같이 중심축에 장착되어 공기를 끌어들이는 동력을 공급했다.

휘틀은 영국 공군성과 항공 업계를 대상으로 터보제트 아이디어를 홍보하려고 계획했다. 그러나 가스 터빈은 실용성이 낮고, 당시 재료로는 제트 추진의 압력과 온도를 견딜 수 있는 엔진을 만들 수 없다는 이유로 별다른 성과를 얻지 못했다.

한편, 독일의 공학자 한스 폰 오하인은 자신이 개발한 실험적인 제트 엔진에 더 많은 열정을 발휘했다. 1939년 그는 항공기 제조업체인 에른스트 하인켈과 협력해서 만든 제트기의 첫 비행에서 터보제트 엔진의 위력을 확인했다.

1941년 5월 15일 휘틀은 마침내 터보제트 엔진 'W1'으로 작동하는 항공기 '글로스터 E.28/39'를 제작했다. 영국 최초의 제트기인 글로스터 E.28/39은 17분 동안 성공적으로 비행했다. 폰 오하인의 터보제트 엔진과 달리 휘틀의 'W1'은 신뢰할 수 있는 완성품 엔진이었다. 이후 휘틀의 터보제트 엔진을 장착한 또 다른 제트기인 '글로스터 미티어 제트기'는 1944년에 운행을 시작했다. 전쟁이 끝난 후, 폰 오하인은 만약 영국 공군성이 휘틀에게 미리 제트기 개발 지원을 해주었더라면 공중전에서 영국이 우위를 점했을 것이기 때문에 독일과 영국은 애초에 전투가 벌어지지 않았을 것이라고 고백했다.

1935년에 자신의 터보제트 엔진 설계를 영국 공군성에게 거부당한 후, 휘틀은 독자적으로 제트기를 개발하기 위해 '파워 제트'라는 회사를 설립했다. 그는 제트 엔진이 탑재된 비행기의 잠재력을 내다보며 여객기가 대서양을 건너는 미래를 구상했다. 그러나 아직까지 대학생 신분이었던 그는 자금 조달을 위해 고군분투해야 했다. 공군성은 지원을 계속 거절했고, 엔진 제조업체와 맺은 거래로 상황은 더욱 나빠졌다. 게다가 만료된 특허를 갱신할 자금도 충분하지 않았다. 휘틀은 영국 제트기를 만들겠다는 목표를 위해 결국 자신의 제트 엔진에 대한 특허권을 국가 소유로 넘기며 자신의 이익을 포기해야 했다. 이후 발명에 대한 아무런 보상도 받지 못했다. 1948년 휘틀은 왕립위원회에서 획기적인 발명가로 선정되어 상금으로 10만 파운드를 받았으나, 발명에 대한 사용료는 전혀 받지 못했다.

휘틀이 예상한 미래는 곧 현실이 되었다. 그의 제트 엔진은 항공기 산업에 큰 혁명을 일으켰다. 오늘날 휘틀의 발명은 하늘뿐만 아니라 세계 경제 전체에까지 영향을 끼치고 있다. 그의 공헌 덕분에 우리는 빠르고 저렴한 항공 운송을 누리는 세상에 살고 있다.

"나는 다음과 같은 결론에 도달했다. 만약 당신이 더 빨리 더 멀리 가고 싶다면 피스톤 엔진이 작동되지 않을 만큼, 그리고 프로펠러가 매우 비효율적으로 돌아갈 만큼 더 높이 올라가라."

프랭크 휘틀, 1986년

베르너 폰 브라운

베르너 폰 브라운은 미국항공우주국에서 아폴로 우주선 개발에 중대한 역할을 수행한 인물이다. 뛰어난 재능 이면에는 인류에게 위협을 주는 탄도미사일을 개발한 이중적인 면도 있다.

가장 위대한 업적

V-2 로켓
탄도미사일, 1942년

레드스톤
미국을 위해 만든 첫 번째
탄도미사일, 1953년

익스플로러 1호
미국 최초의 인공위성 발사,
1958년

미국항공우주국(NASA)
마셜우주비행센터의 책임자,
1960년

새턴 V 로켓
아폴로 11호를 발사, 1967년

아폴로 11호
최초의 달 착륙, 1969년

초기 로켓 개발에서 가장 중요한 인물인 베르너 폰 브라운Wernher von Braun은 사람을 달에 보낸다는 미국 우주 프로그램의 목표를 달성하는 데 도움을 주었다. 하지만 그 명성은 과거 그가 나치당에 합류한 사실 때문에 퇴색되었다.

1912년 3월 23일 독일 귀족 가문에서 태어난 베르너 폰 브라운은 어려서부터 별을 관찰했다. 베를린으로 이사한 후, 그는 13번째 생일 선물로 어머니에게 망원경을 받았고, 천문학에 점점 더 매료되었다. 오스트리아-헝가리 공학자 헤르만 오베르트의 〈행성 공간으로의 로켓The Rocket into Planetary Space〉을 읽은 후 그는 로켓공학자가 되기로 결심했고, 물리학과 수학을 열심히 공부했다.

1930년 폰 브라운은 베를린 공과대학의 우주비행학회에서 액체 연료 로켓 실험을 도우며 헤르만 오베르트와 함께 일했다. 2년 후, 폰 브라운은 기계공학 학위를 취득하고 베를린 프리드리히-빌헬름대학교로 옮겨 물리학 및 공학 연구를 계속했다. 여기에 있는 동안 폰 브라운은 아마추어 로켓 발사 그룹을 결성했다. 이들을 눈여겨 본 육군 장교 월터 도른베르거는 학생들에게 보조금을 지원하고 육군 기지에서 로켓을 시험해볼

베르너 폰 브라운

제2차 세계대전 동안 탄도미사일로 사용된 V-2 로켓

기회를 주었다. 1935년까지 폰 브라운은 동료들과 액체 연료를 사용하여 2.4km 이상의 거리에서 테스트 로켓 두 개를 발사했다. 이 연구는 1960년까지 민감한 군사 내용으로 분류되다가 이후 폰 브라운의 학위 논문에 포함되었다.

1933년 독일에서 아돌프 히틀러가 집권했다. 4년 뒤 폰 브라운은 로켓 작업을 계속할 수 있도록 나치당에 합류하여 발트해의 페네뮌데에 있는 비밀 군사시설의 기술 책임자로 일했다.

1939년에 제2차 세계대전이 발발하자 폰 브라운은 군사용 무기를 제작했다. 폰 브라운이 개발한 A-4 장거리 탄도미사일 테스트가 성공적으로 이루어진 후, 히틀러는 보복무기 Vergeltungswaffe의 앞 글자를 따 V-2로 이름을 바꿨다. V-2는 5,600km/h 이상으로 비행했으며 980kg을 싣고 나를 수 있었다. 인근 강제 수용소에 있던 1만 2,000명의 수감자들은 지하 공장으로 끌려가 V-2를 만들다 사망했다. 1944년부터 약 2,800개의 V-2 로켓이 벨기에와 영국으로 발사돼 많은 건축물이 파괴되고 약 9,000명이 사망했다. 폰 브라운이 공장 상황을 얼마나 알고 있었고, 수많은 사람을 죽음으로 이끈 결과에 대해 얼마나 죄책감을 느꼈는지는 알 수 없다. 그러나 폰 브라운의 업적이 로켓 분야에서 아무리 대단하더라도,

새턴 V 로켓 엔진 옆에 서 있는 베르너 폰 브라운

그가 나치에 협력했다는 사실은 간과할 수 없다.

전쟁이 끝날 무렵, 폰 브라운은 미군에게 항복했고, 그 후 15년 동안 미 육군을 위해 레드스톤, 주피터-C, 주노, 퍼싱 미사일을 제작하는 탄도미사일 개발 프로그램을 주도했다. 1952년에 그는 〈콜리어즈 위클리〉에 로켓과 우주여행에 대한 기사를 기고했다. 폰 브라운은 이 잡지에서 궤도를 도는 우주 정거장과 달 기지에 관해 설명했다. 그는 또한 화성 유인 탐사 우주선을 구상하는 책을 출판했다. 1955년, 폰 브라운은 미국 시민권자가 되었고, 그의 우주여행 아이디어는 디즈니의 투모로우랜드 TV 시리즈로 소개되며 애니메이션으로 제작되었다.

1950년대와 1960년대에 걸쳐 소련과 '우주 경쟁'을 벌인 미국은 로켓 기술에서 우위를 확보하기 위해 폰 브라운을 고용했다. 1957년에 소련이 처음으로 인공위성 스푸트니크 1호를 지구 궤도에 올려놓은 지 1년 후, 폰 브라운이 설계한 레드스톤 로켓은 미국 최초의 인공위성 익스플로러 1호를 발사했다. 그 후 러시아는 미국보다 3주 앞서 인간을 우주로 보내는 데 성공했고(유리 가가린, 1961년), 이들의 다음 목표는 달이었다.

1969년 7월 16일 폰 브라운의 팀이 설계한 새턴 V 로켓이 우주비행사 3명을 태운 아폴로 11호를 우주로 발사했다. 나흘 후 닐 암스트롱과 버즈 올드린이 달 표면에 안전하게 착륙했고, 이로써 다른 세계에 도달하려는 폰 브라운의 어린 시절 꿈이 이루어졌다. 우주비행사를 달에 보내고 안전하게 지구로 귀환하는 5번의 추가 프로젝트 끝에, 아폴로 계획은 결국 중단되었다. 이후 폰 브라운은 1972년에 미국항공우주국(NASA)에서 은퇴한 후, 메릴랜드에 있는 항공우주 회사에서 공학 및 개발 부서를 담당하는 부사장을 맡았다.

1977년 폰 브라운은 포드 대통령으로부터 '공학 분야 국가과학 훈장'을 받았지만, 건강이 나빠져서 백악관 행사에 참석하지는 못했다. 베르너 폰 브라운은 1977년 6월 16일 버지니아주 알렉산드리아에서 췌장암으로 세상을 떠났다. 그는 독일 나치에 협력한 공학자이면서 동시에 진보적인 로켓 기술을 개발해 인류가 달을 정복하도록 도운 공학자였다.

"인간은 여전히 중력의 사슬로 지구에 묶여있지만, 로켓은 그 사슬로부터 인간을 자유롭게 해줄 것이다. 곧 인간에게 하늘의 문이 열린다."

폰 브라운, 〈로켓에 대하여〉

새턴 V 로켓으로 우주비행사들은 달에 무사히 착륙했다.

파즐루르 라만 칸

방글라데시 출신의 파즐루르 라만 칸은 20세기 구조공학의 대가로서
건축 구조에 혁신을 일으켰다. 그의 기술 덕분에 오늘날 인간은
초고층 빌딩에서 살 수 있게 되었다.

파즐루르 라만 칸Fazlur Rahman Khan은 혁신적인 아이디어로 고층
건물 건설에 혁명을 일으킨 구조공학자다. 1960년대에 그는 새
로운 건축 방식을 적용해 고층 건물을 지었다. 칸은 전통적인 사각형
구조 대신 관형 구조를 도입함으로써 재료로 쓰이던 강철의 양을 크게
줄였다. 이는 더 높고 경제적인 고층 빌딩을 건설할 수 있음을 의미했
다. 칸의 획기적인 아이디어로 고층 건물 건축에 새로
운 시대가 열렸다. 오늘날 건설되는 고층 건물 설계는
아직까지도 그의 이론에 의존하고 있다.

칸은 1929년, 지금은 방글라데시가 된 인도의 한
지역에서 태어났다. 존경받는 수학 교사였던 아버지
는 아들이 꿈을 펼칠 수 있도록 도왔다. 그는 아들이
지루한 숙제를 더 도전적이고 재미있게 할 수 있도록
바꿔주었다. 칸은 어릴 적부터 수학과 물리학에 뛰어
났다. 기계를 분해하고 조립하는 것을 즐기기도 했다.
아버지의 격려로 물리학이 아닌 토목공학을 전공한
칸은 1950년에 대학을 수석으로 졸업했다.

칸은 2년간 교수로 재직하다가 고속도로 건설 보조
공학자가 되어 실무 경험을 쌓았다. 1952년에 그는 두
개의 장학금을 받아 미국으로 유학을 떠났고, 일리노
이대학교에서 3년 동안 공부했다. 칸은 이론 및 응용
역학과 구조공학을 복수 전공해 석사 학위를 받았고,
나중에 구조공학 박사 학위까지 취득했다. 이론 및 실
용공학을 집중적으로 연구하며 구조공학자로서 새로

존 핸콕 빌딩

윌리스 타워

운 해결책을 제시할 수 있는 견고한 토대를 마련했다.

칸은 미국에서 가장 유명한 엔지니어링 회사에서 제안한 일자리를 두고 고민하던 중 시카고에 본사를 둔 건축회사 '스키드모어 오윙스 메릴'에서 일하는 친구를 우연히 만났다. 칸은 이 회사 신규 프로젝트 팀에서 건축 및 구조 엔지니어를 구한다는 이야기를 듣고 그 프로

사우디아라비아에 있는 킹압둘아지즈 국제공항의 하지 터미널

젝트에 참여하고 싶은 생각이 들었다. 칸은 회사에 찾아가 자신의 포부를 내비쳤고, 그를 인상 깊게 본 회사 관계자들이 곧바로 칸에게 일자리를 제안했다. 다른 회사보다 급여가 낮았지만, 칸은 프로젝트의 책임자로 일할 기회를 놓치고 싶지 않아 이를 수락했다. 칸은 1955년부터 약 1년 반 동안 스키드모어 오윙스 메릴 건축회사에서 일했다. 그리고 잠시 파키스탄에

서 수석 엔지니어로 일한 후 1960년에 다시 복귀했다.

시카고로 돌아온 칸은 건축가 브루스 그레이엄을 만났고, 그와 오랫동안 창의적인 파트너십을 유지했다. 칸이 고층 건물 엔지니어링의 역사를 다시 쓰게 될 획기적인 발견을 한 것도 그와 긴밀히 협력하는 동안이었다. 어느 날 그레이엄이 초고층 건물에 적용할 가장 경제적인 디자인이 무엇인지 물었다. 그러자 칸은 "아마도 튜브 같은 모양일 것"이라고 대답했다. 칸은 튜브 모양 디자인의 장점을 금세 파악했다. 튜브 모양의 디자인을 건축에 적용하면 적은 내부 기둥과 철골만으로 초고층 건물의 외벽을 튼튼하게 만들 수 있다. 또한, 내부 바닥 공간이 확보되어 바람에 더 잘 견디는 건물이 탄생할 수 있다. 튜브 모양 아이디어는 칸이 어렸을 때 집 근처에서 본 원통형의 긴 대나무에서 영감을 받은 것이라고 추측된다. 그러나 그러한 통찰력은 무엇보다 깊이 있는 이론과 실제 지식이 밑바탕이 되어야만 가능한 것이다.

강철 튜브형 디자인이 적용된 최초의 초고층 건물은 1969년에 완공된 시카고의 100층짜리 존 핸콕 빌딩이었다. 뒤를 이어 1973년 시카고에 윌리스 타워가 세워졌다. 9개의 직사각형 튜브가 함께 묶인 조립식 디자인인 윌리스 타워는 25년 동안 세계에서 가장 높은 건물이었다. 칸은 여러 튜브형 디자인을 발전시켰고, 강철 교차 버팀대를 사용해 일부 고층 건물을 보강했다.

칸은 1982년 52세에 세상을 떠났다. 그는 사우디아라비아의 킹압둘아지즈 국제공항에 있는 유명한 하지 터미널을 포함해 여러 상징적인 구조물을 건설했다. 그러나 칸이 역사상 가장 위대한 구조공학자로 찬사를 받는 이유는 바로 그의 고층 빌딩 건축이다.

"건축가의 아이디어와 건물 자체를 구체화하는 데 그 만큼 핵심적인 역할을 한 공학자는 없다."

미국건축가협회, 1983년

찾아보기

세계 속의
위대한 공학자 50인

지은이 | 폴 비르, 윌리엄 포터
감수 및 옮긴이 | 권기균

편집 | 김민주 홍다예 이희진
디자인 | 한송이
마케팅 | 장기봉 이진목 최혜수

인쇄 | 금강인쇄

펴낸이 | 이진희
펴낸곳 | (주)리스컴

초판 1쇄 | 2024년 4월 8일
초판 2쇄 | 2024년 5월 7일

주소 | 서울시 강남구 테헤란로87길 22, 7151호(삼성동, 한국도심공항)
전화번호 | 대표번호 02-540-5192
　　　　　　 편집부 02-544-5194
FAX | 0504-479-4222
등록번호 | 제2-3348

ISBN 979-11-5616-778-5 43500
책값은 뒤표지에 있습니다.